Vedic Mathematics
Do you want to learn the magical method of quick calculation?

魔法のヴェーダ数学が伝える

インド式秒算術

日本実業出版社

Vedic Mathematics
by Pradeep Kumar

Copyright ©2005 by Sterling Publishers Private Limited

Japanese translation rights arranged with
Sterling Publishers (P) Ltd.
through Japan UNI Agency, Inc., Tokyo.

数学好きのみなさんに

親愛なる読者のみなさん

みなさんが知りたいのは、どうすれば計算が速くなるかという具体的な方法の紹介とその成果だけだと思います。『ヴェーダ数学』はこの分野では類のない魔法の道具です。効用は2つあります。

- 計算が速くなります。
- 経営学修士（MBA）や大学院共通入試（CAT）の受験対策としても有効です。

本書は、先人の知恵の宝庫『ヴェーダ』から引き出した計算術を早く広めたいと思ってつくりました。

この本は、お会いしたみなさんにおほめいただいています。ヴェーダ数学にまつわる本を持っている方も多かったのですが、ほかの本は手順があまり説明されていないので、みなさん使っていなかったのです。

そこで、この本では中間の手順も詳しく説明しようと心がけました。「魔法の解き方」がわかったら、ぜひお友だちにもこの本をすすめてあげてください。

◆ この本の使い方

まずはかけ算の章で説明されている解き方やテクニックをしっかり身につけてください。各項目の最後に用意した練習問題を解いて、理解を完璧にしておきましょう。それから2乗、3乗のテクニックを学びます。

ここまでできるようになったら、かけ算をするときはいつでもこの本で解

説した公式やテクニックを使うようにしてください。この本を通読するだけでは長期的な役には立ちません。十分に活用するためには習熟する必要があるのです。

かけ算のテクニックをマスターしたら、わり算や平方根、立方根の章に進んでも大丈夫です。

◆ 注意 ◆

平方根の章はかならず、わり算の章を完全に理解してから読んでください。両者は密接に関係しています。わり算の解き方を理解しないまま平方根の解き方を理解しようとしても、徒労に終わるでしょう。

わり算の解き方、そして平方根と立方根の解き方を理解したら、いつでもそれを使うようにしてください。連立方程式はいつ学んでもかまいません。

プラディープ・クマール
技術工学学士、経営学修士
インド経営大学院バンガロール校

＊注記＊

速算方法は、本書で紹介している方法以外にも有効な方法が多数あります。本書で取り上げる方法はヴェーダ数学という特殊な方式に基づいていますので、あくまでも1つの考え方としてとらえてください。

数学好きのみなさんに

第1章 かけ算

1 はじめの公式 7

2桁どうしのかけ算 7
3桁どうしのかけ算 12
公式の応用 15

2 速解きの公式 19

100に近い数どうしのかけ算 19
50に近い数どうしのかけ算 24
200に近い数どうしのかけ算 28
150に近い数どうしのかけ算 32
公式の応用 34

3 たすきがけの公式 39

2桁×2桁のかけ算 39
3桁×2桁のかけ算 44
4桁×2桁のかけ算 48
5桁×2桁のかけ算 51
3桁×3桁のかけ算 53
4桁×3桁のかけ算 58

4 インド式暗算のテクニック 61

2桁×2桁のインド式暗算 61
3桁×2桁のインド式暗算 64
4桁×2桁のインド式暗算 67
5桁×2桁のインド式暗算 69
3桁×3桁のインド式暗算 71

第2章 わり算

1 魔法の公式 74

わる数が9で終わる場合 74
わる数が8で終わる場合 79
わる数が7〜2で終わる場合 82
わる数が1で終わる場合 84

2　魔法のフォーマット　87
　　フォーマットの書き方..........................87
　　3桁の小さな数でわる場合....................88
　　3桁の大きな数でわる場合....................95
　　4桁でわる場合...............................98
　　小数点以下のわり算.........................100

第3章　2乗　a^2

5で終わる数の2乗..............................104
1つ上の数の2乗................................106
1つ下の数の2乗................................108
2乗を計算する別の方法.........................110

第4章　3乗　a^3

2桁の3乗を求める場合..........................116

第5章　平方根　$\sqrt{\ }$

完全平方数の平方根............................122
不完全平方数の平方根..........................128

第6章　立方根　$\sqrt[3]{\ }$

完全立方数の求め方............................134

第7章　連立方程式　xy

たすきがけの公式..............................138
特殊なタイプ..................................140

カバーデザイン／吉田美保（e-CYBER）
カバーイラスト／尾崎英明
本文イラスト／霧生さなえ
編集協力・DTP／リリーフ・システムズ

第1章 かけ算

かけ算は加減乗除のなかでもっともむずかしいものとされています。苦手意識をもっている人も多いでしょう。

この章では、そのかけ算を詳しく解説します。

わかりやすくするために項目はいくつかに分けてあります。各項目には例題を豊富に用意し、必要なところでは手順をはっきり説明しておきました。お役に立てれば幸いです。

はじめの公式

インド式「魔法の秒算術」を理解するには、まずこの「はじめの公式」から始めるのがよいでしょう。この公式はいろいろなかけ算に応用することができます。

2桁どうしのかけ算

まずはかけ算の例を1つあげましょう。

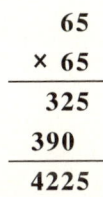

普通ならどのように解きますか。やってみましょう。

```
   65
 × 65
 ─────
  325
  390
 ─────
 4225
```

このような手順で解いたはずです

▶ まず **65 × 5** を計算して、答え **325** を線の下に書きます。
▶ 次に **65 × 6** を計算して、答え **390** を線の下の2段目に、右

- 端を1桁分あけて書きます。
- ▶ 1段目と2段目の数をたします。右端の数（1の位）はそのまま答えの欄に書き、順次残りの数をたしていきます。
- ▶ 答えは **4225** になりますね。

今度は魔法の公式を使って解いてみましょう

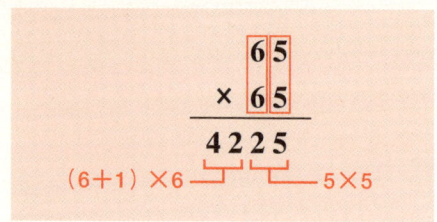

- ▶ まず右側（1の位）の **5** と **5** をかけて、結果の **25** を答えの欄の右半分に書きます。
- ▶ 上段の左側（10の位）の **6** に **1** をたして **7** にします。
- ▶ その **7** と、下段の左側の **6** とをかけた **42** を答えの欄の左半分に書きます。
- ▶ すると、答えはやはり **4225** になります。

わかりましたか？
この解き方を使って少し練習してみましょう。

$$\begin{array}{r} 75 \\ \times\ 75 \\ \hline \end{array}$$

もう一度解き方を説明しますよ！

- ▶ 右側の **5** と **5** をかけて、結果の **25** を答えの欄の右半分に書きます。

- ▶ 上段の左側の **7** に **1** をたして **8** にします。
- ▶ その **8** と、下段の左側の **7** とをかけた **56** を答えの欄の左半分に書きます。
- ▶ 正解は **5625** です。

$$\begin{array}{r} 75 \\ \times\ 75 \\ \hline 5625 \end{array}$$

もう完璧ですね
同じ解き方で次のような数のかけ算ができます。

$$15 \times 15 \quad 25 \times 25 \quad 35 \times 35 \quad 45 \times 45 \quad 55 \times 55\ldots$$

「おやっ」と思われた人も多いでしょう。
「この公式は **5** で終わる数にしか使えないの？」
答えはノーです。そんなことはありません。

公式を拡張してみましょう。
この公式はほかのかけ算にも適用できるのです。
ただし前提条件があります。

<u>前提条件</u>

> 左側の数が同じで、右側の数の合計が **10** であること

例をあげましょう。このようなかけ算では公式が使えるでしょうか。

$$\begin{array}{r} 66 \\ \times\ 64 \end{array}$$

左側は同じ 6 で、右側の合計は 10 ですから、公式が使えます。

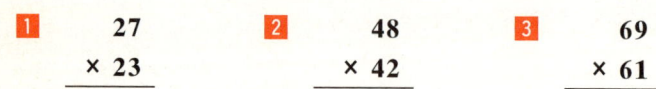

では、次はどうでしょう。同じ公式が使えるでしょうか。

例 題

1 27	2 48	3 69
× 23	× 42	× 61

そう、3 つとも**左側の数が同じで右側の合計は 10** ですから、公式が使えますね。

解 答

1 27	2 48	3 69
× 23	× 42	× 61
621	2016	42<u>09</u>

→ 1 桁のときは 0 を補う

例題の 3 では 9 に 1 をかけました。答えは 9 のはずですが、どうして答えの欄には 09 と書いたのでしょう。
理由は簡単です。これまでの例からもわかるように、右側の数はだいたい 2 桁になるのですが、9 は 1 桁ですから、左側に 0 を補って 2 桁にする必要があるのです。

では、復習のために次の問題を解いてみましょう。

はじめの公式を使って解きましょう。

❶ 81 × 89
❷ 97 × 93
❸ 87 × 83
❹ 58 × 52
❺ 36 × 34
❻ 53 × 57
❼ 22 × 28
❽ 78 × 72
❾ 39 × 31

解答

❶ 7209　❷ 9021　❸ 7221
❹ 3016　❺ 1224　❻ 3021
❼ 616　❽ 5616　❾ 1209

3桁どうしのかけ算

2桁どうしのかけ算はできるようになりましたね。
では、この公式は3桁のかけ算にも使えるのでしょうか。
答えはイエスです。
前提条件は2桁の場合とほぼ同じです。

| 前提条件 |

> 左側の2つの数が同じで、右側の数の合計が10であること

例を見てみましょう。

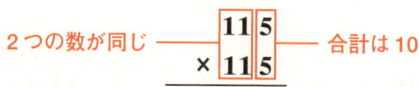

左2桁の数が同じ11で、右側の数の合計は10です。前提条件をクリアしていますから、公式が使えますね。

- ▶ 5 × 5を計算して、答えの25を答えの欄の右側に書きます。
- ▶ 11に1を足して12にします。
- ▶ 12 × 11を計算して、答えの132を左側に書きます。計算はこれでおしまい。
- ▶ 答えは13225になります。

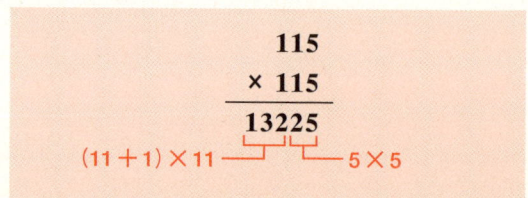

では例題を解いてみましょう。

> **例題**

1　　116
　　× 114
　――――

2　　117
　　× 113
　――――

3　　118
　　× 112
　――――

4　　119
　　× 111
　――――

> **解答**

1　13224　　　　**2**　13221
3　13216　　　　**4**　13209

 公式を使って解きましょう。

❶ 125
 × 125

❷ 126
 × 124

❸ 137
 × 133

❹ 139
 × 131

❺ 146
 × 144

❻ 148
 × 142

❼ 169
 × 161

❽ 164
 × 166

❾ 153
 × 157

❿ 158
 × 152

A 解答

❶ 15625　❷ 15624　❸ 18221　❹ 18209　❺ 21024
❻ 21016　❼ 27209　❽ 27224　❾ 24021　❿ 24016

公式の応用

「はじめの公式」はさまざまな場合に応用できます。「**左側の数は同じなのに右側の数の合計は 10 にならない**」という場合でも使えるのです。
たとえば、67 × 65 の場合はどうすればよいでしょうか。

67 × 65 は（65 + 2）× 65 と書きかえることができます。

すでに、65 × 65 は 4225 になることがわかっています。
あとは、その 4225 に 2 × 65 = 130 をたしてやればよいのです。
これで 4355 という答えが得られました。

```
    67 × 65 =  (65 + 2) × 65
        65
      × 65
    ─────────────────────
      4225      + 2 × 65
      4225      + 130
              4355
```

こう書きかえられる！

右側の数の合計が
10 になるように
分解すればいいのデス

このテクニックは 68 × 64 を求めるときにも使えます。
解き方を考えてみましょう。
68 × 64 は 2 通りに分解できます。

    68 ×（62 + 2）　または　（66 + 2）× 64

それぞれ解いてみましょう。

    68 ×（62 + 2）= 68 × 62 + 68 × 2 = 4216 + 136 = 4352
    （66 + 2）× 64 = 66 × 64 + 2 × 64 = 4224 + 128 = 4352

このようにすると、どんな数でもかけ算できるようになります。
理解を深めるために、次の例題を解いてみましょう。

例題

1. 77 × 76
2. 78 × 76
3. 119 × 114

解答

1. 77 × 76 ＝ （a） 77 ×（73 ＋ 3）＝ 5621 ＋ 231 ＝ 5852
　　　　　 ＝ （b）（74 ＋ 3）× 76 ＝ 5624 ＋ 228 ＝ 5852

2. 78 × 76 ＝ （a） 78 ×（72 ＋ 4）＝ 5616 ＋ 312 ＝ 5928
　　　　　 ＝ （b）（74 ＋ 4）× 76 ＝ 5624 ＋ 304 ＝ 5928

3. 119 × 114 ＝ （a） 119 ×（111 ＋ 3）＝ 13209 ＋ 357 ＝ 13566
　　　　　　 ＝ （b）（116 ＋ 3）× 114 ＝ 13224 ＋ 342 ＝ 13566

ここまでは、右側の数をたすと 10 より大きくなる例を見てきました。
今度は、右側の数の合計が 10 より小さくなる例を解いてみます。

　　　47 × 42

この例の場合、左側の数は同じ 4 ですが、右側の数の合計は 10 より小さくなります。

　　　47 × 42 ＝ 47 ×（43 － 1）＝ 2021 － 47 ＝ 1974

同じ要領で次の例題を解いてみましょう。
いずれも 2 通りの解き方が考えられます。

例題

1. 48 × 41

2. 56 × 53

3. 55 × 54

4. 55 × 53

5. 65 × 62

解答

1. 48 × 41 ＝（a）48 ×（42 − 1）＝ 2016 − 48 ＝ 1968
   　　　　＝（b）（49 − 1）× 41 ＝ 2009 − 41 ＝ 1968

2. 56 × 53 ＝（a）56 ×（54 − 1）＝ 3024 − 56 ＝ 2968
   　　　　＝（b）（57 − 1）× 53 ＝ 3021 − 53 ＝ 2968

3. 55 × 54 ＝（a）55 ×（55 − 1）＝ 3025 − 55 ＝ 2970
   　　　　＝（b）（56 − 1）× 54 ＝ 3024 − 54 ＝ 2970

4. 55 × 53 ＝（a）55 ×（55 − 2）＝ 3025 − 110 ＝ 2915
   　　　　＝（b）（57 − 2）× 53 ＝ 3021 − 106 ＝ 2915

5. 65 × 62 ＝（a）65 ×（65 − 3）＝ 4225 − 195 ＝ 4030
   　　　　＝（b）（68 − 3）× 62 ＝ 4216 − 186 ＝ 4030

公式を使って解きましょう。

❶ 117 × 112　　❷ 108 × 106　　❸ 124 × 126

❹ 128 × 125　　❺ 122 × 129　　❻ 126 × 129

❼ 128 × 124　　❽ 138 × 133　　❾ 146 × 147

❿ 143 × 148　　⓫ 138 × 134　　⓬ 117 × 115

解答

❶ 13104　　❷ 11448　　❸ 15624
❹ 16000　　❺ 15738　　❻ 16254
❼ 15872　　❽ 18354　　❾ 21462
❿ 21164　　⓫ 18492　　⓬ 13455

速解きの公式

「はじめの公式」を覚えたら、今度は「速解きの公式」を試してみましょう。この公式は『ヴェーダ数学』の"ニキラム（Nikhilam）"という方法論をベースにしたものです。このテクニックもさまざまな例を使って説明してみます。

100に近い数どうしのかけ算

100に近い数のかけ算の公式を紹介しましょう。
このかけ算は、どの場合でも100がベースになります。
では、例を見てみましょう。

$$\begin{array}{r} 87 \\ \times\ 89 \\ \hline \end{array}$$

まず、はじめに87と100の差と89と100の差を求めて、それぞれの右側に書き加えてください。

$$\begin{array}{r} 87\ /\ -13 \\ \times\ 89\ /\ -11 \\ \hline \end{array}$$

では、魔法を使って解いてみます。

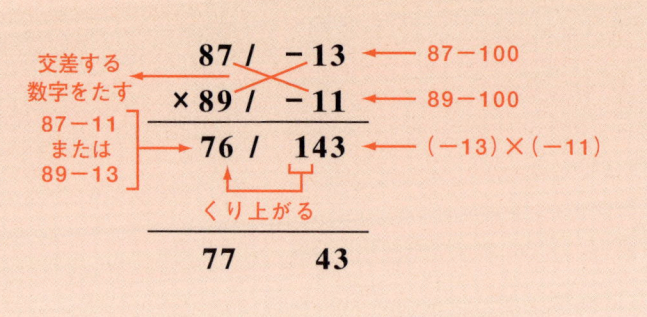

- ベースは **100** です。
- **87** と **100** の差、つまり **−13** を **87** の右側に書きます。
- **89** と **100** の差、つまり **−11** を **89** の右側に書きます。
- 交差する数どうしをたします。つまり、左上の **87** と右下の **−11**、左下の **89** と右上の **−13** をたすのです。すると、答えは同じ **76** になります。とりあえず、これを答えの欄の左側に書いておきます。
- **−13** と **−11** をかけて得られた答え **143** を、答えの欄の右側に書いておきます。
- ベースが **100** の場合、答えの欄の右側は2桁になります（ベースの0の数と同じと考えてください）。そのため、**143** の100の位の **1** は左側にくり上げ、**43** だけが残ります。
- 左側の **76** にくり上げの **1** をたして **77**、右側は **43** で、これをつなげると **7743** という答えが得られます。

言いかえると、このように考えることもできます。

76 / 143 = 76 × 100（ベース）＋ 143
= 7600 ＋ 143

ほかの例で試してみましょう

$$
\begin{array}{r}
82 \\
\times\ 78 \\
\end{array}
$$

▶ **100** との差を右側に書き加えます。

$$
\begin{array}{r}
82\ /\ -18 \\
\times\ 78\ /\ -22 \\
\end{array}
$$

▶ 交差する数字をたします。

$$82 - 22 \quad \text{または} \quad 78 - 18 = 60$$

▶ 答えの **60** を答えの欄の左側に書きます。

$$
\begin{array}{r}
82\ /\ -18 \\
\times\ 78\ /\ -22 \\
\hline
60\ / \\
\end{array}
$$

▶ 右側の数をかけます。

$$(-18) \times (-22) = 396$$

▶ 答えの **396** を答えの欄の右側に書きます。

$$
\begin{array}{r}
82\ /\ -18 \\
\times\ 78\ /\ -22 \\
\hline
60\ /\quad 396 \\
\end{array}
$$

$$60 \times 100\ (\text{ベース}) + 396 = 6000 + 396$$
$$= 6396$$

正解は **6396** です。

この公式は100以上の数のかけ算にも使うことができます。

例題

$$87 \times 112$$

解答

▶ 100との差

```
  87 / − 13
× 112 / + 12
```

▶ 交差する数字の
たし算

87 + 12　または　112 − 13 = 99

```
  87 / − 13
× 112 / + 12
  99 /
```

▶ 右側のかけ算　　（− 13）×（+ 22）= − 156

```
  87 / − 13
× 112 / + 12
  99 / − 156
```

99 × 100（ベース）− 156 = 9900 − 156
　　　　　　　　　　　　　　= 9744

▶ 正解は **9744** です。

Q 問題 公式を使って解きましょう。

① 89 × 92

② 99 × 93

③ 98 × 84

④ 87 × 76

⑤ 112 × 86

⑥ 108 × 89

⑦ 102 × 106

⑧ 108 × 117

⑨ 116 × 94

⑩ 83 × 94

⑪ 107 × 94

⑫ 113 × 102

A 解答

① 8188
② 9207
③ 8232
④ 6612
⑤ 9632
⑥ 9612
⑦ 10812
⑧ 12636
⑨ 10904
⑩ 7802
⑪ 10058
⑫ 11526

50に近い数どうしのかけ算

100に近い数どうしのかけ算はできるようになりました。
今度は50に近い数どうしのかけ算を学びましょう。

計算の解き方はまったく同じですが、1つだけ変わるところがあります。

先の例では100を基準に計算しましたが、今度は50が基準になります。ですから最初に50との差を求め、交差する数字どうしをたしたあとの値（答えの欄の左側）も2でわる必要があります。50 = 100 ÷ 2だからです。

では例を見てみましょう

50に近い62と63のかけ算です。

$$\begin{array}{r} 62 \\ \times\ 63 \\ \hline \end{array}$$

▶ **50との差を右側に書き加えます（100との差ではありません）。**

$$\begin{array}{r} 62\ /\ +\ 12 \\ \times\ 63\ /\ +\ 13 \\ \hline \end{array}$$ ← (62 − 50)
← (63 − 50)

▶ **交差する数字どうしをたします。**

62 + 13　または　63 + 12 = 75

▶ **答えの75を答えの欄の左側に書きます。**

```
  62 ／ ＋ 12
× 63 ／ ＋ 13
─────────────
  75
```

50に近い数は
50との差を
求めるんデス

▶ 右側の数をかけます。

$$(+12) \times (+13) = 156$$

▶ 答えの156を答えの欄の右側に書きます。

```
  62 ／ ＋ 12
× 63 ／ ＋ 13
─────────────
  75 ／  156
```

▶ 答えの欄の左側の数にベースの100をかけて2でわり、右側の数をたします。

$$\frac{75 \times 100 \,(ベース)}{2} + 156 = 3750 + 156$$
$$= 3906$$

▶ 正解は3906です。

```
                      62 ／ ＋12    ← 62－50
交差する
数字をたす          × 63 ／ ＋13    ← 63－50
                    ─────────────
62＋13
または              →  75 ／  156   ← (＋12)×(＋13)
63＋12
```

$$\frac{75 \times 100 \,(ベース)}{2} + 156 = 3906$$

25

では、次の例題を解いてみましょう。

例題

$$\begin{array}{r} 46 \\ \times\ 42 \\ \hline \end{array}$$

解答

▶ **50 との差**

$$\begin{array}{r} 46\ /\ -4 \\ \times\ 42\ /\ -8 \\ \hline \end{array}$$

▶ **交差する数字の****たし算**　　46 − 8　または　42 − 4 = 38

$$\begin{array}{r} 46\ /\ -4 \\ \times\ 42\ /\ -8 \\ \hline 38\ / \end{array}$$

▶ **右側のかけ算**　　(− 4) × (− 8) = 32

$$\begin{array}{r} 46\ /\ -4 \\ \times\ 42\ /\ -8 \\ \hline 38\ /\ \ 32 \end{array}$$

$$\frac{38 \times 100\ (ベース)}{2} + 32 = 1900 + 32 = 1932$$

▶ 正解は **1932** です。

Q 問題
公式を使って解きましょう。

① 63 × 48
② 57 × 52
③ 58 × 53
④ 59 × 47
⑤ 58 × 46
⑥ 55 × 63
⑦ 46 × 48
⑧ 52 × 47
⑨ 68 × 46
⑩ 57 × 46

A 解答
① 3024
② 2964
③ 3074
④ 2773
⑤ 2668
⑥ 3465
⑦ 2208
⑧ 2444
⑨ 3128
⑩ 2622

200に近い数どうしのかけ算

100に近い数どうし、50に近い数どうしのかけ算はできるようになりました。では、「速解きの公式」は200に近い数どうしのかけ算にも使えるのでしょうか。調べてみましょう。

この場合は、次のようになります。

- ▶ ベースは**100**です。
- ▶ ただし、差を計算するときは**200**を基準にします。
- ▶ **200 = 100 × 2**です。
- ▶ だから、交差する数字をたして得られた数も2倍します。

それ以外の手順はこれまでと同じです。

では例を見てみましょう

200に近い**208**と**211**のかけ算です。

$$\begin{array}{r} 208 \\ \times\ 211 \\ \hline \end{array}$$

▶ **200**との差を右側に書き加えます（**100**との差ではありません）。

$$\begin{array}{r} 208\ /\ +\ \ 8 \\ \times\ 211\ /\ +\ 11 \\ \hline \end{array}$$ ← (208 − 200)
← (211 − 200)

▶ 交差する数字どうしをたします。

$$208 + 11 \quad または \quad 211 + 8 = 219$$

▶ 答えの **219** を答えの欄の左側に書きます。

```
    208 /  +  8
  × 211 /  + 11
  ─────────────
    219
```

▶ 右側の数をかけます。

$$(+8) \times (+11) = 88$$

▶ 答えの **88** を答えの欄の右側に書きます。

```
    208 /  +  8
  × 211 /  + 11
  ─────────────
    219 /    88
```

▶ 答えの欄の左側の数にベースの **100** をかけてさらに **2** をかけ、右側の数をたします。

$$219 \times 100 \,（ベース）\times 2 + 88 = 43800 + 88$$
$$= 43888$$

▶ 正解は **43888** です。

ほかの計算方法で検算してみてください。
同じ答えが得られるはずです。

「速解きの公式」は便利デース!!

では、同じ手順で次の例題を解いてください。

例題

1 212
　 × 192

2 187
　 × 184

解答

1
　　　212 ／ ＋ 12
　　 × 192 ／ － 8
　　　204 ／ － 96

204 × 100（ベース）× 2 － 96 ＝ 40704

2
　　　187 ／ － 13
　　 × 184 ／ － 16
　　　171 ／ ＋ 208

171 × 100（ベース）× 2 ＋ 208 ＝ 34408

公式を使って解きましょう。

❶ 206 × 203
❷ 212 × 218
❸ 197 × 204
❹ 186 × 202

❺ 197 × 187
❻ 184 × 208
❼ 216 × 212
❽ 209 × 211

❾ 202 × 176
❿ 182 × 187

A 解答

❶ 41818 ❷ 46216 ❸ 40188 ❹ 37572
❺ 36839 ❻ 38272 ❼ 45792 ❽ 44099
❾ 35552 ❿ 34034

150に近い数どうしのかけ算

ここまでで 100、50、200 に近い数どうしのかけ算はできるようになりました。

今度は 150 に近い数どうしのかけ算の公式を説明します。

この場合は、

- ▶ ベースは 100 です。
- ▶ ただし、差を計算するときは 150 を基準にします。
- ▶ $150 = 100 \times \frac{3}{2}$ です。
- ▶ だから、かける数も $\frac{3}{2}$ になります。

例を使って説明しましょう

$$162$$
$$\times 148$$

162 / +12 ← (162−150)
148 / − 2 ← (148−150)

交差する数字をたす

162−2 または 148+12

160 / − 24 ← (+12)×(−2)

160×100（ベース）$\times \frac{3}{2} - 24 = 23976$

150は100の2分の3デスからかける数も2分の3になりマスネ

Q 問題

公式を使って解きましょう。

① 156 × 158
② 143 × 152
③ 152 × 144

④ 162 × 156
⑤ 132 × 152
⑥ 163 × 161

⑦ 168 × 143
⑧ 159 × 144
⑨ 146 × 148

⑩ 152 × 161
⑪ 147 × 146
⑫ 169 × 142

A 解答

① 24648
② 21736
③ 21888
④ 25272
⑤ 20064
⑥ 26243
⑦ 24024
⑧ 22896
⑨ 21608
⑩ 24472
⑪ 21462
⑫ 23998

公式の応用

「150 に近い数どうしのかけ算」では、交差数字のたし算で得られた数に $\frac{3}{2}$ をかけました。
この「かける数」は、「基準の数」(つまり「〜に近い数」) を「ベースの数」で割ることにより求められます。

$$\frac{3}{2}（かける数）＝ 150（基準の数）÷ 100（ベースの数）$$

これに基づいて、基準の数とかける数を表にしてみましょう。

基準の数	かける数	基準の数	かける数
100	1	350	$\frac{7}{2}$
50	$\frac{1}{2}$	400	4
200	2	450	$\frac{9}{2}$
250	$\frac{5}{2}$	500	5
300	3		

ベースになる数も変えられます

これまではベースになる数が 100 でしたが、10 や 1000 をベースにしても同じように公式が使えます。斜線の右側に来る数の桁数は、ベースの 0 の数と同じになります。

ベース 10	1 桁
ベース 100	2 桁
ベース 1000	3 桁

では10や1000をベースにした場合の例を見てみましょう。

ベースが10の場合

10に近い数どうしのかけ算で試してみます。

1.
```
      12          12 / + 2
    ×  8           8 / − 2
    ─────         ──────────
                  10 / − 4
```

$10 × 10$（ベース）$− 4 = 96$

- 基準の数は10
- 10との差を計算

2.
```
       9           9 / − 1
    ×  6           6 / − 4
    ─────         ──────────
                   5 /   4
```

$5 × 10$（ベース）$+ 4 = 54$

- 基準の数は10
- 10との差を計算

次は、10の倍数（10、20、30など）に近い数どうしのかけ算です。

1.
```
      36          36 / + 6
    × 32          32 / + 2
    ─────         ──────────
                  38 /   12
```

$38 × 10$（ベース）$× 3 + 12 = 1152$

- 基準の数は $10 × 3$
- 30との差を計算

2　　　24　　　　　24 ／ ＋ 4　　　　● 基準の数は 10 × 2
　　　×16　　　　　16 ／ － 4　　　　● 20 との差を計算
　　　―――　　　　――――――
　　　　　　　　　　20 ／ －16

　　　20 × 10（ベース）× 2 － 16 = 384

ベースが1000の場合

まずは、1000 に近い数どうしのかけ算です。

1　　　 989　　　　 989 ／ － 11　　　● 基準の数は 1000
　　　×1018　　　　1018 ／ ＋ 18　　　● 1000 との差を計算
　　　――――　　　――――――――
　　　　　　　　　　1007 ／ －198

　　　1007 × 1000（ベース）－ 198 = 1006802

2　　　 982　　　　 982 ／ － 18　　　● 基準の数は 1000
　　　 ×987　　　　 987 ／ － 13　　　● 1000 との差を計算
　　　――――　　　――――――――
　　　　　　　　　　 969 ／　 234

　　　969 × 1000（ベース）＋ 234 = 969234

3　　　1013　　　　1013 ／ ＋ 13　　　● 基準の数は 1000
　　　×1012　　　　1012 ／ ＋ 12　　　● 1000 との差を計算
　　　――――　　　――――――――
　　　　　　　　　　1025 ／　 156

　　　1025 × 1000（ベース）＋ 156 = 1025156

次は、1000の倍数に近い数どうしのかけ算を見てみましょう。

■ **500 に近い数の場合**

500 に近い数どうしのかけ算は、ベースを 100、かける数を 5 にすれば求められます。でも、ベースを 1000 にして、かける数を $\frac{1}{2}$ にすれば、計算はもっと楽になります。

$$\begin{array}{r} 512 \\ \times 498 \\ \hline \end{array} \qquad \begin{array}{r} 512 \,/\, + 12 \\ 498 \,/\, - 2 \\ \hline 510 \,/\, - 24 \end{array}$$

- 基準の数は $1000 \times \frac{1}{2}$
- 500 との差を計算

$$510 \times 1000 \,(ベース) \times \frac{1}{2} - 24 = 254976$$

■ **1500 に近い数の場合**

$$\begin{array}{r} 1508 \\ \times 1512 \\ \hline \end{array} \qquad \begin{array}{r} 1508 \,/\, + 8 \\ 1512 \,/\, + 12 \\ \hline 1520 \,/\, 96 \end{array}$$

- 基準の数は $1000 \times \frac{3}{2}$
- 1500 との差を計算

$$1520 \times 1000 \,(ベース) \times \frac{3}{2} + 96 = 2280096$$

> ベースの数を活用すれば、計算はどんどん楽になりマース！

Q 問題

公式を使って解きましょう。

① 36 × 28

② 44 × 36

③ 25 × 32

④ 15 × 24

⑤ 516 × 508

⑥ 498 × 516

⑦ 487 × 512

⑧ 512 × 508

⑨ 1506 × 1514

⑩ 2016 × 1982

⑪ 2018 × 2012

⑫ 1516 × 1486

A 解答

① 1008
② 1584
③ 800
④ 360
⑤ 262128
⑥ 256968
⑦ 249344
⑧ 260096
⑨ 2280084
⑩ 3995715
⑪ 4060216
⑫ 2252776

3 たすきがけの公式

ここまで「はじめの公式」と「速解き公式」を見てきましたが、途中できっと「桁数の異なる数をかけ算するときはどうするのだろう」と疑問に思われたことでしょう。心配はいりません。3桁、4桁、5桁の数と2桁、3桁の数のかけ算でも大丈夫です。これから紹介するテクニックを使えば、どんなかけ算でも確実に解けるようになります。

2桁×2桁のかけ算

2桁×2桁のかけ算で公式の基本を理解しましょう。まずは 68 × 48 を普通の手順で解いてください。

> また、知っているやり方で解いてみてくだサイ！

```
     68
  ×  48
   ―――――
    544
   272
   ―――――
   3264
```

このような手順で解いたはずです

▶ 68 × 8 を計算して、答え 544 を 1 段目に書きます。
▶ 次に 68 × 4 を計算して、答えを 2 段目に、右側を 1 桁分あけて書きます。
▶ 右端の数から順にたしていきます。

▶ 答えは **3264** になりましたね。

今度は魔法を使って解いてみましょう

まず公式を紹介します。

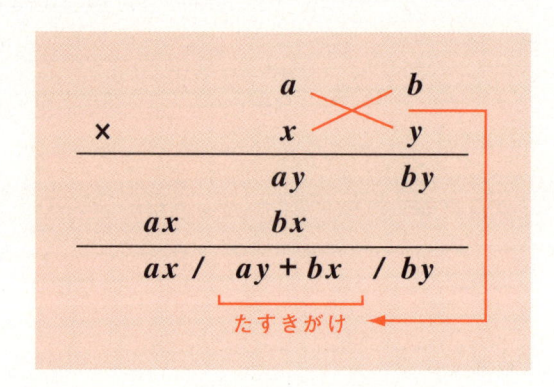

$$\begin{array}{c|ccc}
\times & a & b \\
 & x & y \\
\hline
 & ay & by \\
 ax & bx & \\
\hline
 & ax\ /\ ay+bx\ /\ by
\end{array}$$

たすきがけ

このように、ab や xy などの記号を使った数式はおなじみのものですね。これに数字を当てはめてみましょう。

先ほどの **68 × 48** を、公式を使って解いてみます。

> たすきがけは
> ミナサン
> おなじみデスネ

$$\begin{array}{c|ccc}
 & a=6 & b=8 \\
\times & x=4 & y=8 \\
\hline
 & ax\ /\ ay+bx\ /\ by \\
 & 24\ /\ 48+32\ /\ 64 \\
 & 24\ /\ \ \ 80\ \ \ /\ 64 \\
 & \quad\ \ \uparrow\quad\ \ \uparrow \\
 & \ \ くり上がり\ くり上がり \\
 & 3264
\end{array}$$

では、順を追って解き方を説明していきましょう。

解き方
▶ 右側から計算していきます。$b × y = 8 × 8$ の答え **64** をとりあえず右側に書きます。
▶ 次にたすきがけで $ay + bx$ を計算し、$(6 × 8) + (4 × 8) = 48 + 32$ の答え **80** を中央に書きます。
▶ さらに $a × x = 6 × 4$ の答え **24** を左側に書きます。
▶ 右端の **4** はそのまま答えの欄に書いて、**6** をくり上げます。
▶ くり上げた **6** を中央の数にたします。$80 + 6 = 86$ なので、答えの欄に **6** を書いて **8** をくり上げます。
▶ くり上げた **8** を左側の数にたします。**24 + 8 は 32** なので、答えの欄の左側に **32** と書きます。
▶ これで **3264** という答えが得られました。

別の例で試してみましょう。

```
                87
           ×    68
       ─────────────────
       48 / 64 + 42 / 56
       48 /   106   / 56
       ─────────────────
        59     1     6      ← 答え
              11     5      ← くり上がる数
```

もう1ついきます。

```
                76
           ×    52
       ─────────────────
       35 / 14 + 30 / 12
       35 /   44    / 12
       ─────────────────
        39     5     2      ← 答え
               4     1      ← くり上がる数
```

もう一度、手順を簡単にくり返します

- ▶ 右から順に計算
- ▶ 右側のかけ算、たすきがけをしてたし算、左側のかけ算
- ▶ 右から順にくり上がり

たったこれだけ！
簡単デショ？

では、例題をいくつか解いてみましょう。

例 題

1.　　67
　　× 54

2.　　65
　　× 77

3.　　24
　　× 72

解 答

1.
```
          67
       ×  54
   30 / 24 + 35 / 28
   30 /   59   / 28
         3618
```

2.
```
          65
       ×  77
   42 / 42 + 35 / 35
   42 /   77   / 35
         5005
```

3.
```
          24
       ×  72
   14 / 4 + 28 / 8
   14 /   32   / 8
         1728
```

Q 問題

公式を使って解きましょう。

① 76 × 19
② 77 × 24
③ 67 × 23
④ 64 × 29

⑤ 83 × 28
⑥ 86 × 27
⑦ 73 × 77
⑧ 79 × 37

⑨ 94 × 24
⑩ 34 × 62
⑪ 44 × 64
⑫ 83 × 23

⑬ 78 × 76
⑭ 75 × 74
⑮ 77 × 79
⑯ 80 × 87

⑰ 66 × 68
⑱ 71 × 93
⑲ 19 × 72
⑳ 74 × 64

A 解答

① 1444
② 1848
③ 1541
④ 1856
⑤ 2324
⑥ 2322
⑦ 5621
⑧ 2923
⑨ 2256
⑩ 2108
⑪ 2816
⑫ 1909
⑬ 5928
⑭ 5550
⑮ 6083
⑯ 6960
⑰ 4488
⑱ 6603
⑲ 1368
⑳ 4736

3桁×2桁のかけ算

たすきがけの公式の便利さはわかりましたね。
ここまでは2桁×2桁のかけ算でしたが、この公式は3桁×2桁のかけ算にも応用できます。

まず、普通の解き方をおさらいしましょう。

$$
\begin{array}{r}
327 \\
\times\ 42 \\
\hline
654 \\
1308 \\
\hline
13734
\end{array}
$$

この解き方はわかりますね。
次は魔法を使って解いてみましょう。

まずは記号を使った公式です。

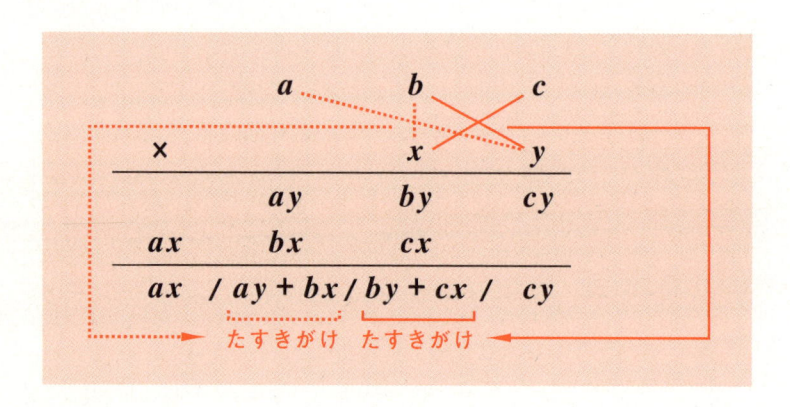

	a	b	c
×		x	y
	ay	by	cy
ax	bx	cx	
ax / $ay+bx$ / $by+cx$ / cy			

たすきがけ　たすきがけ

2桁×2桁のかけ算の公式と比べてみましょう。
ちょっと違っているのがわかりますね。
大きな違いではありませんが、たすきがけが1つ増えています。
2桁×2桁のかけ算では、たすきがけの数は1つだけでした。

でも、3桁×2桁のかけ算では、たすきがけの数が2つになるのです。

では、公式に数字を当てはめてみましょう。
先ほどの **327 × 42** で試してみます。

	$a = 3$	$b = 2$	$c = 7$	
×		$x = 4$	$y = 2$	
ax /	$ay + bx$ /	$by + cx$	/ cy	
12 /	6 + 8 /	4 + 28	/ 14	
12 /	14 /	32	/ 14	
	くり上がり	くり上がり	くり上がり	
13	7	3	4	

解き方を説明します。

解き方

▶ 右から計算していきます。$c × y = 7 × 2$ の答え **14** をとりあえずいちばん右側に書きます。

▶ 最初のたすきがけ $by + cx$ は、**4 + 28 = 32** になります。

▶ 次のたすきがけ $ay + bx$ は、**6 + 8 = 14** になります。

▶ 最後に $a × x$ を計算すると **12** になります。それぞれの答えを右から順に書きます。

▶ 右端の **4** はそのまま答えの欄に書いて、**1** をくり上げます。

▶ くり上げた **1** を **32** にたすと **33** になります。答えの欄に **3** を書いて **3** をくり上げます。

▶ くり上げた **3** を **14** にたすと **17** になります。答えの欄に **7** を書いて **1** をくり上げます。

▶ くり上げた **1** を **12** にたすと **13** になります。これはそのまま答えの欄に書きます

▶ これで **13734** という答えが得られました。

別の例で試してみましょう。

```
                317
              ×  72
      21 / 6 + 7 / 2 + 49 / 14
      21 /  13  /  51  / 14
       22    8     2    4    ← 答え
          1     5     1       ← くり上がる数
```

では、例題を解いてみましょう。

例題

① 349
　× 64

② 693
　× 64

解答

①
```
                 349
              ×   64
      18 / 12 + 24 / 16 + 54 / 36
      18 /  36  /  70  /  36
           22336
```

②
```
                 693
              ×   64
      36 / 24 + 54 / 36 + 18 / 12
      36 /  78  /  54  /  12
           44352
```

> もう魔法は頭に入りマシタ？慣れるとスピーディーに解けるデショ！

Q 問題 公式を使って解きましょう。

① 336 × 45
② 442 × 48
③ 664 × 28
④ 678 × 72

⑤ 338 × 37
⑥ 446 × 72
⑦ 557 × 38
⑧ 642 × 23

⑨ 883 × 24
⑩ 972 × 36
⑪ 654 × 34
⑫ 778 × 34

⑬ 372 × 42
⑭ 449 × 37
⑮ 365 × 26
⑯ 376 × 32

⑰ 318 × 53
⑱ 326 × 57
⑲ 442 × 76
⑳ 149 × 75

A 解答

① 15120
② 21216
③ 18592
④ 48816
⑤ 12506
⑥ 32112
⑦ 21166
⑧ 14766
⑨ 21192
⑩ 34992
⑪ 22236
⑫ 26452
⑬ 15624
⑭ 16613
⑮ 9490
⑯ 12032
⑰ 16854
⑱ 18582
⑲ 33592
⑳ 11175

4桁×2桁のかけ算

2桁×2桁、3桁×2桁のかけ算はできるようになりました。
今度は4桁×2桁のかけ算を学びます。

まず普通の解き方からです。

$$\begin{array}{r} 4273 \\ \times\ 24 \\ \hline 17092 \\ 8546 \\ \hline 102552 \end{array}$$

かなり面倒ですね。
でも、たすきがけの公式を使えば、計算はもっと楽になります。

記号を使った公式は次のようになります。

	a	b	c	d
×			x	y
	ay	by	cy	dy
ax	bx	cx	dx	
ax / $ay+bx$ / $by+cx$ / $cy+dx$ / dy				

たすきがけ　たすきがけ　たすきがけ

たすきがけの数がまた1つ増えて3つになっていますね。
では、**4273 × 24** をこれに当てはめてみましょう。
解き方は2桁×2桁や3桁×2桁と同じです。

$$
\begin{array}{r}
abcd \\
\times \quad xy \\
\hline
ax\,/\,ay + bx\,/\,by + cx\,/\,cy + dx\,/\,dy
\end{array}
$$

$$
\begin{array}{r}
4376 \\
\times \quad 32 \\
\hline
12\,/\,8 + 9\,/\,6 + 21\,/\,14 + 18\,/\,12 \\
12\,/\,17\,/\,27\,/\,32\,/\,12 \\
\hline
14 \quad 0 \quad 0 \quad 3 \quad 2 \\
2 \quad 3 \quad 3 \quad 1
\end{array}
$$

← 答え
← くり上がる数

では、例題を解いてみましょう。

例　題

1　　3784
　　×　　37

2　　4849
　　×　　46

解　答

1

$$
\begin{array}{r}
3784 \\
\times \quad 37 \\
\hline
9\,/\,21 + 21\,/\,49 + 24\,/\,56 + 12\,/\,28 \\
9\,/\,42\,/\,73\,/\,68\,/\,28 \\
\hline
140008
\end{array}
$$

2

$$
\begin{array}{r}
4849 \\
\times \quad 46 \\
\hline
16\,/\,24 + 32\,/\,48 + 16\,/\,24 + 36\,/\,54 \\
16\,/\,56\,/\,64\,/\,60\,/\,54 \\
\hline
223054
\end{array}
$$

Q 問題

公式を使って解きましょう。

❶ 6336 × 42
❷ 6453 × 78
❸ 5742 × 64
❹ 4362 × 26

❺ 4564 × 66
❻ 6342 × 78
❼ 8236 × 32
❽ 9786 × 43

❾ 5347 × 37
❿ 6446 × 31
⓫ 3236 × 54
⓬ 2137 × 49

A 解答

❶ 266112 ❷ 503334 ❸ 367488 ❹ 113412
❺ 301224 ❻ 494676 ❼ 263552 ❽ 420798
❾ 197839 ❿ 199826 ⓫ 174744 ⓬ 104713

5桁×2桁のかけ算

4桁×2桁のかけ算もできるようになりました。
桁数が1つ増えると、たすきがけの数も1つ増えるということがわかりましたね。
ということは、そう、この5桁×2桁のかけ算では4桁×2桁のかけ算よりたすきがけの数が1つ増えて、4つになるわけです。

まず公式を見てみましょう。

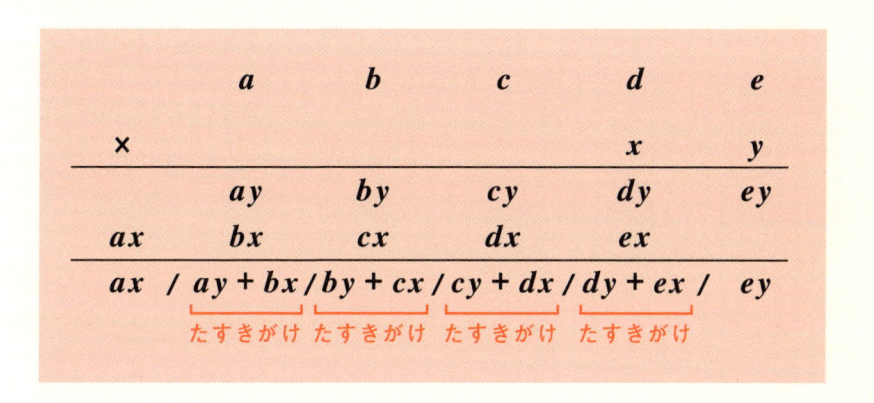

	a	b	c	d	e
×				x	y
	ay	by	cy	dy	ey
ax	bx	cx	dx	ex	
ax / $ay+bx$ / $by+cx$ / $cy+dx$ / $dy+ex$ / ey					

たすきがけ　たすきがけ　たすきがけ　たすきがけ

数字を当てはめるとこうなります

```
                                42372
                            ×      34
    ─────────────────────────────────
    12 / 16 + 6 / 8 + 9 / 12 + 21 / 28 + 6 / 8
    12 /   22   /   17   /   33   /   34   / 8
    ─────────────────────────────────
    14      4       0       6        4      8    ← 答え
         2       2       3        3      0       ← くり上がる数
```

Q 問題

公式を使って解きましょう。

❶ 36742 × 36

❷ 27648 × 46

❸ 42373 × 63

❹ 37421 × 27

❺ 36842 × 42

❻ 87641 × 34

❼ 43458 × 34

❽ 34261 × 38

❾ 37649 × 23

❿ 21386 × 26

⓫ 38312 × 36

⓬ 87628 × 29

⓭ 33429 × 54

⓮ 45262 × 47

A 解答

❶ 1322712
❷ 1271808
❸ 2669499
❹ 1010367
❺ 1547364
❻ 2979794
❼ 1477572
❽ 1301918
❾ 865927
❿ 556036
⓫ 1379232
⓬ 2541212
⓭ 1805166
⓮ 2127314

3桁×3桁のかけ算

たすきがけの要領は、もうすっかりわかりましたね。
2桁の数に何桁の数をかけても、公式をつくれるようになったはずです。
では、今度は3桁×3桁のかけ算に挑戦してみましょう。

まずは普通の解き方で解いてみます。
必要な手順の多さだけ確認しておいてください。

$$
\begin{array}{r}
689 \\
\times\ 376 \\
\hline
4134 \\
4823 \\
2067 \\
\hline
259064
\end{array}
$$

このような手順で解いたはずです

- ▶ まず **689 × 6** を計算して、答え **4134** を1段目に書きます。
- ▶ 次に **689 × 7** を計算して、答え **4823** を2段目に、右側を1桁分あけて書きます。
- ▶ 次に **689 × 3** を計算して、答え **2067** を3段目に、右側を2桁分あけて書きます。
- ▶ 右から順にたしていくと **259064** という答えが得られます。

今度はもっと速い解き方を見てみましょう

今回もまた、a、b、c、x、y、z という記号を使って説明します。

×		a	b	c
		x	y	z
		az	bz	cz
	ay	by	cy	
ax	bx	cx		
ax /	$ay+bx$ /	$az+by+cx$ /	$bz+cy$ /	cz

  2項のたすきがけ 3項のたすきがけ 2項のたすきがけ

この公式と３桁×２桁の公式を比べてみると、たすきがけをしてたし算をする項目の数が変わっているのがわかります。中央のたすきがけが３項になっていますね。

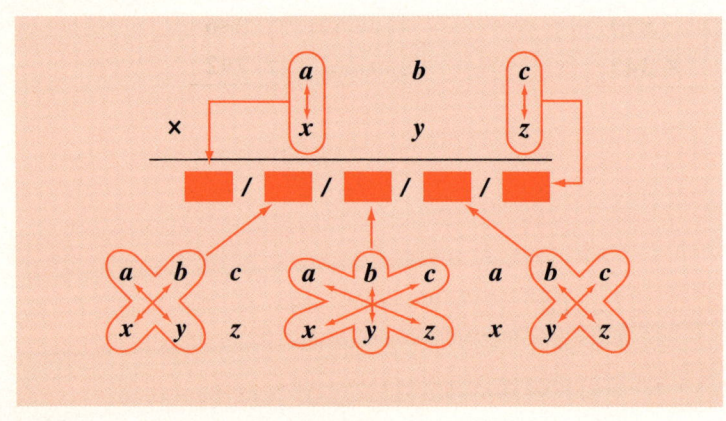

3桁×3桁の計算は中央のたすきがけが3項になりマース

では、この公式を使って次のかけ算を解いてみましょう。

```
                                  634
                                × 746
─────────────────────────────────────────
       42 / 24 + 21 / 36 + 12 + 28 / 18 + 16 / 24
       42 /    45   /      76      /   34   / 24
─────────────────────────────────────────
       47      2         9          6      4     ← 答え
           5       7         3         2         ← くり上がる数
```

公式を忘れないように、もう少し問題を解いてみてください。

例題

1　　879　　　　　　　　**2**　　346
　　× 342　　　　　　　　　　　× 792

3　　578　　　　　　　　**4**　　632
　　× 643　　　　　　　　　　　× 428

解答

1
```
                                  879
                                × 342
─────────────────────────────────────────
       24 / 32 + 21 / 16 + 27 + 28 / 14 + 36 / 18
       24 /    53   /      71      /   50   / 18
─────────────────────────────────────────
       30      0         6          1      8     ← 答え
           6       7         5         1         ← くり上がる数
```

2

$$\begin{array}{r} 346 \\ \times\ 792 \\ \hline \end{array}$$

21 / 27	+	28 / 6	+	42	+	36 / 8	+	54 / 12
21 /	55	/	84	/	62 / 12			
27	4		0		3	2		← 答え
	6		9		6	1		← くり上がる数

3

$$\begin{array}{r} 578 \\ \times\ 643 \\ \hline \end{array}$$

30 / 20	+	42 / 15	+	48	+	28 / 21	+	32 / 24
30 /	62	/	91	/	53 / 24			
37	1		6		5	4		← 答え
	7		9		5	2		← くり上がる数

4

$$\begin{array}{r} 632 \\ \times\ 428 \\ \hline \end{array}$$

24 / 12	+	12 / 48	+	8	+	6 / 24	+	4 / 16
24 /	24	/	62	/	28 / 16			
27	0		4		9	6		← 答え
	3		6		2	1		← くり上がる数

Q 問題　公式を使って解きましょう。

① 523 × 674
② 876 × 328
③ 594 × 674
④ 976 × 574

⑤ 878 × 628
⑥ 589 × 382
⑦ 684 × 884
⑧ 674 × 156

⑨ 376 × 732
⑩ 486 × 456
⑪ 774 × 382
⑫ 856 × 128

⑬ 836 × 712
⑭ 434 × 754
⑮ 689 × 486
⑯ 483 × 287

A 解答

① 352502
② 287328
③ 400356
④ 560224
⑤ 551384
⑥ 224998
⑦ 604656
⑧ 105144
⑨ 275232
⑩ 221616
⑪ 295668
⑫ 109568
⑬ 595232
⑭ 327236
⑮ 334854
⑯ 138621

4桁×3桁のかけ算

3桁×3桁のかけ算ができるようになったら、4桁×3桁のかけ算もむずかしくはありません。
解き方は同じで、3項のたすきがけが1つ増えるだけです。

では公式です。

×		a	b	c	d
			x	y	z
		az	bz	cz	dz
	ay	by	cy	dy	
ax	bx	cx	dx		
ax	/ ay+bx	/az+by+cx	/bz+cy+dx	/ cz+dy	/ dz

　　　　　2項のたすきがけ　3項のたすきがけ　3項のたすきがけ　2項のたすきがけ

では、この公式を使って次のかけ算を解いてみましょう。

```
                          4372
                       ×   346
    12/16+9/24+21+12/18+6+28/42+8/12
    12/  25  /   57   /   52  /  50 /12
    15   1       2        7      1   2    ← 答え
          3       6        5      5   1    ← くり上がる数
```

公式を忘れないように、もう少し問題を解いてみてください。

例題

1　　3846
　　× 216

2　　5264
　　× 238

解答

1

```
                                    3846
                                  × 216
────────────────────────────────────────
6/3 + 16/18 + 8 + 8/48 + 12 + 4/24 + 6/36
  6/  19  /   34   /   64   /  30  / 36
  8    3       0        7       3    6    ←答え
     2      4       6        3    3       ←くり上がる数
```

2

```
                                    5264
                                  × 238
────────────────────────────────────────
10/15 + 4/40 + 12 + 6/16 + 8 + 18/48 + 12/32
 10/  19  /   58   /   42   /   60  / 32
 12   5       2        8        3    2    ←答え
     2      6       4        6    3       ←くり上がる数
```

> 桁が増えても同じように公式を使えマス

Q 問題

公式を使って解きましょう。

① 4632 × 347
② 3647 × 573
③ 5321 × 132
④ 6821 × 418

⑤ 4513 × 476
⑥ 5732 × 563
⑦ 5744 × 347
⑧ 5857 × 637

⑨ 4843 × 743
⑩ 5844 × 634
⑪ 5896 × 347
⑫ 5949 × 743

A 解答

① 1607304　② 2089731　③ 702372　④ 2851178
⑤ 2148188　⑥ 3227116　⑦ 1993168　⑧ 3730909
⑨ 3598349　⑩ 3705096　⑪ 2045912　⑫ 4420107

4 インド式暗算のテクニック

数学の試験で、問題を解くのにかかる時間を減らすにはどうしたらよいでしょうか。そうです。暗算すればよいのです。コンピュータでたとえてみましょう。コンピュータは一瞬で計算をすませますが、それを紙に印刷するにはある程度の時間がかかります。なぜでしょう。コンピュータの内部処理は電子的な作業なのに、プリンタの印字は機械的な作業だからです。つまり、暗算は電子的な作業で、紙の上で解くのは機械的な作業。どちらが速いか言うまでもありませんね。

2桁×2桁のインド式暗算

では、暗算のテクニックを説明しましょう。

かけ算の暗算のテクニックは、たすきがけの公式がベースになっています。たすきがけの場合は上から下へ数が並んでいましたが、これを横1列に並べかえるのです。

$$ab \times xy = ax \,/\, ay + bx \,/\, by$$
$$36 \times 24 = 6 \,/\, 12 + 12 \,/\, 24$$
$$ = 8 \quad\; 6 \quad\quad 4 \quad \leftarrow 答え$$
$$ 2 \quad\quad 2 \quad\quad\;\; \leftarrow くり上がる数$$

解き方
▶ **24** が **36** の下にあるものと考えてかけ算をします。
▶ くり上がりの数は下に書いていきます。
▶ 右から左へと計算します。

もう少し解いてみましょう。

例題

1. 63×74 2. 77×23

3. 75×64 4. 79×83

解答

$$ab \times xy = ax \,/\, ay + bx \,/\, by$$

1. $63 \times 74 = 42 \,/\, 24 + 21 \,/\, 12$
   $ = 46 \quad\ \ 6 \quad\ \ 2$ ← 答え
   $ 4 \qquad 1$ ← くり上がる数

2. $77 \times 23 = 14 \,/\, 21 + 14 \,/\, 21$
   $ = 17 \quad\ \ 7 \quad\ \ 1$ ← 答え
   $ 3 \qquad 2$ ← くり上がる数

3. $75 \times 64 = 42 \,/\, 28 + 30 \,/\, 20$
   $ = 48 \quad\ \ 0 \quad\ \ 0$ ← 答え
   $ 6 \qquad 2$ ← くり上がる数

4. $79 \times 83 = 56 \,/\, 21 + 72 \,/\, 27$
   $ = 65 \quad\ \ 5 \quad\ \ 7$ ← 答え
   $ 9 \qquad 2$ ← くり上がる数

Q 問題

公式を使って暗算しましょう。

❶ 78 × 64   ❷ 67 × 56   ❸ 35 × 47

❹ 46 × 73   ❺ 47 × 52   ❻ 33 × 39

❼ 77 × 34   ❽ 63 × 28   ❾ 71 × 26

❿ 68 × 54   ⓫ 98 × 23   ⓬ 74 × 29

A 解答

❶ 4992   ❷ 3752   ❸ 1645
❹ 3358   ❺ 2444   ❻ 1287
❼ 2618   ❽ 1764   ❾ 1846
❿ 3672   ⓫ 2254   ⓬ 2146

3桁×2桁のインド式暗算

2桁どうしのかけ算が暗算でできるようになったら、3桁×2桁の暗算に進みましょう。

まずは公式と計算例を紹介します。

$abc × xy = ax / ay + bx / by + cx / cy$
$336 × 62 = 18 / 6 + 18 / 6 + 36 / 12$
$\qquad\qquad = 20 \quad\;\; 8 \qquad\;\; 3 \qquad\;\; 2$ ← 答え
$\qquad\qquad\qquad\;\; 2 \qquad\;\; 4 \qquad\;\; 1$ ← くり上がる数

例題

1. $472 × 24$
2. $638 × 32$
3. $436 × 56$
4. $538 × 64$
5. $654 × 54$

解答

$abc × xy = ax / ay + bx / by + cx / cy$

1. $472 × 24 = 8 / 16 + 14 / 28 + 4 / 8$
$\qquad\qquad\;\; = 11 \quad\;\; 3 \qquad\;\; 2 \qquad\;\; 8$ ← 答え
$\qquad\qquad\qquad\;\; 3 \qquad\;\; 3 \qquad\;\; 0$ ← くり上がる数

2 638 × 32 = 18 / 12 + 9 / 6 + 24 / 16
　　　　　= 20　　　4　　　1　　　6　← 答え
　　　　　　　　　2　　　3　　　1　　← くり上がる数

3 436 × 56 = 20 / 24 + 15 / 18 + 30 / 36
　　　　　= 24　　　4　　　1　　　6　← 答え
　　　　　　　　　4　　　5　　　3　　← くり上がる数

4 538 × 64 = 30 / 20 + 18 / 12 + 48 / 32
　　　　　= 34　　　4　　　3　　　2　← 答え
　　　　　　　　　4　　　6　　　3　　← くり上がる数

5 654 × 54 = 30 / 24 + 25 / 20 + 20 / 16
　　　　　= 35　　　3　　　1　　　6　← 答え
　　　　　　　　　5　　　4　　　1　　← くり上がる数

Q 問題

公式を使って暗算しましょう。

① 678 × 52   ② 272 × 36   ③ 853 × 44

④ 422 × 73   ⑤ 584 × 46   ⑥ 346 × 28

⑦ 921 × 28   ⑧ 841 × 83   ⑨ 673 × 49

⑩ 674 × 59   ⑪ 371 × 31   ⑫ 849 × 47

A 解答

① 35256   ② 9792   ③ 37532
④ 30806   ⑤ 26864   ⑥ 9688
⑦ 25788   ⑧ 69803   ⑨ 32977
⑩ 39766   ⑪ 11501   ⑫ 39903

4桁×2桁のインド式暗算

3桁×2桁の暗算ができるようになったところで、今度は4桁×2桁の暗算の説明をします。

では、さっそく公式です。

$$abcd \times xy = ax \:/\: ay + bx \:/\: by + cx \:/\: cy + dx \:/\: dy$$

例題

1. 4235×24
2. 6742×64
3. 8742×76

解答

$$abcd \times xy = ax \:/\: ay + bx \:/\: by + cx \:/\: cy + dx \:/\: dy$$

1. $4235 \times 24 = 8\:/\:16 + 4\:/\:8 + 6\:/\:12 + 10\:/\:20$
    = 10   1   6   4   0 ←答え
        2   1   2   2   ←くり上がり

2. $6742 \times 64 = 36\:/\:24 + 42\:/\:28 + 24\:/\:16 + 12\:/\:8$
    = 43   1   4   8   8 ←答え
        7   5   2   0   ←くり上がり

3. $8742 \times 76 = 56\:/\:48 + 49\:/\:42 + 28\:/\:24 + 14\:/\:12$
    = 66   4   3   9   2 ←答え
       10   7   3   1   ←くり上がり

Q 問題

公式を使って暗算しましょう。

❶ 6337 × 53　　❷ 5757 × 43　　❸ 6742 × 34

❹ 4321 × 27　　❺ 4476 × 29　　❻ 3842 × 37

❼ 4874 × 72　　❽ 5833 × 82　　❾ 9647 × 83

❿ 9949 × 29　　⓫ 8764 × 53　　⓬ 7323 × 82

A 解答

❶ 335861　　❷ 247551　　❸ 229228
❹ 116667　　❺ 129804　　❻ 142154
❼ 350928　　❽ 478306　　❾ 800701
❿ 288521　　⓫ 464492　　⓬ 600486

5桁×2桁のインド式暗算

もう大丈夫ですね。では5桁×2桁の暗算です。

$$abcde \times xy = ax\,/\,ay + bx\,/\,by + cx\,/\,cy + dx\,/\,dy + ex\,/\,ey$$

例題

① 64327 × 74　　　② 38743 × 27

解答

$$abcde \times xy = ax\,/\,ay + bx\,/\,by + cx\,/\,cy + dx\,/\,dy + ex\,/\,ey$$

① 64327 × 74 = 42 / 24 + 28 / 16 + 21 / 12 + 14 / 8 + 49 / 28
　　　　　　　= 47　　6　　　0　　　1　　　9　　8
　　　　　　　　　5　　　4　　　3　　　5　　2

② 38743 × 27 = 6 / 21 + 16 / 56 + 14 / 49 + 8 / 28 + 6 / 21
　　　　　　　= 10　　4　　　6　　　0　　　6　　1
　　　　　　　　　4　　　7　　　6　　　3　　2

これまでの基本がわかっていれば、

　6桁×2桁
　7桁×2桁
　8桁×2桁
　9桁×2桁

といったかけ算や公式づくりも自分でできるはずです。

> ほ～ら、もう2桁はスラスラ解けるデショ！

Q 問題

公式を使って暗算しましょう。

① 64389 × 47　② 34673 × 28　③ 32576 × 34

④ 37426 × 31　⑤ 52764 × 41　⑥ 87621 × 35

⑦ 41312 × 31　⑧ 31761 × 36　⑨ 52173 × 39

⑩ 51342 × 51　⑪ 21224 × 53　⑫ 62173 × 82

A 解答

① 3026283　② 970844　③ 1107584
④ 1160206　⑤ 2163324　⑥ 3066735
⑦ 1280672　⑧ 1143396　⑨ 2034747
⑩ 2618442　⑪ 1124872　⑫ 5098186

3桁×3桁のインド式暗算

5桁までの数と2桁の数とのかけ算が暗算できるようになったら、3桁×3桁の暗算ももうむずかしくはないはずです。

まずは公式を見てみましょう。

$$abc \times xyz = ax \;/\; ay + bx \;/\; az + by + cx \;/\; bz + cy \;/\; cz$$

例題

1. 542 × 236
2. 473 × 324

解答

$$abc \times xyz = ax \;/\; ay + bx \;/\; az + by + cx \;/\; bz + cy \;/\; cz$$

1. 542 × 236 = 10 / 15 + 8 / 30 + 12 + 4 / 24 + 6 / 12
   = 12　　7　　　9　　　1　　2
   　　　　2　　4　　　3　　1

2. 473 × 324 = 12 / 8 + 21 / 16 + 14 + 9 / 28 + 6 / 12
   = 15　　3　　　2　　　5　　2
   　　　　3　　4　　　3　　1

*ここでいう「インド式暗算」は、いわゆる日本式の「暗算」とは異なります。この方法で本当に暗算するのはむずかしいかもしれません。

Q 問題

公式を使って暗算しましょう。

❶ 573 × 284   ❷ 642 × 473   ❸ 852 × 341

❹ 971 × 488   ❺ 952 × 217   ❻ 672 × 499

❼ 871 × 273   ❽ 856 × 262   ❾ 947 × 376

❿ 948 × 487   ⓫ 864 × 623   ⓬ 761 × 671

A 解答

❶ 162732   ❷ 303666   ❸ 290532
❹ 473848   ❺ 206584   ❻ 335328
❼ 237783   ❽ 224272   ❾ 356072
❿ 461676   ⓫ 538272   ⓬ 510631

第 2 章

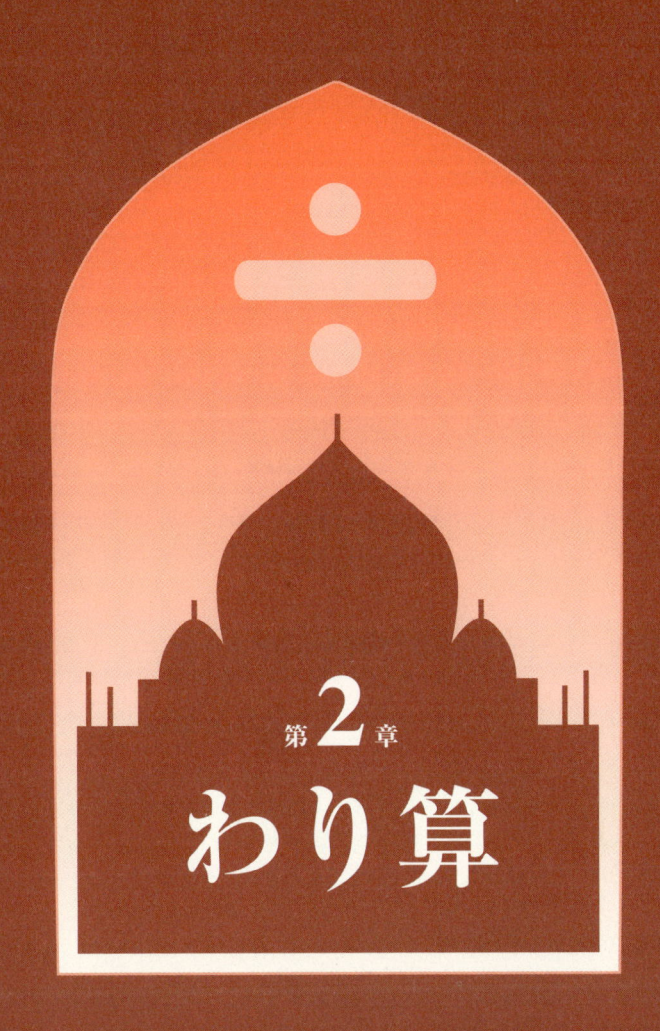

わり算

1 魔法の公式

これから紹介するわり算の公式は、まさに「魔法」と呼ぶのにふさわしいものです。とても不思議な解き方なのに、ちゃんと正解にたどりつき、そのうえ使いやすいのです。マスターしたら周りの人にも教えてあげましょう。

わる数が9で終わる場合

73 ÷ 139 を小数点以下5桁まで求めましょう。
まずは普通の解き方で解いてみることにします。

```
           0.52517
      139 ) 730
            695
            350
            278
            720
            695
            250
            139
           1110
            973
            173
```

まずは普通に解いてみてくだサーイ！

今度は魔法の解き方を使ってみます

$$\frac{73}{139} \rightarrow \frac{73}{140} = \frac{73}{14} \times \frac{1}{10} = 0.52517$$

書きかえる　　　　　　　　　　　　次にわられる数
　　　　　　　　　　　　　　　　　3 7 2 11　← 余り
　　　　　　　　　　　　　　　　　　　　　　← 答え

答えは **0.52517** になりました。
これは普通の解き方で小数点以下5桁まで解いた答えと同じです。

答えに違いはありませんが、手順はまったく違うし、普通の解き方のほうが手間がかかります。
では、魔法の解き方では、どうやって答えを導き出したのでしょう。

解き方

▶ 73 ÷ 139 を $\frac{73}{139}$、さらに $\frac{73}{140}$ と書きかえます。

▶ $\frac{73}{140}$ は $\frac{73}{14} \times \frac{1}{10}$ なので、73 ÷ 14 を計算します。

▶ まず、答えの欄に **0.** と書きます。これは $\frac{1}{10}$ = 0.1 をかけているからです。

▶ 73 ÷ 14 は **5 余り 3** なので、答えの欄の小数点の隣に **5** を書いて、余りの **3** を **5** の斜め前下に書きます。

▶ 次は **35** がわられる数になります。35 ÷ 14 は **2 余り 7** なので、商の **2** を答えの欄の **5** の次に書いて、余りの **7** を **2** の斜め前下に書きます。

▶ 次にわられる数は **72** です。72 ÷ 14 は **5 余り 2** なので、商の **5** を **2** の次に書いて、余りの **2** を **5** の斜め前下に書きます。

▶ 次にわられる数は **25** です。25 ÷ 14 は **1 余り 11** なので、商の **1** を **5** の次に書いて、余りの **11** を **1** の斜め前下に書きます。

▶ これで小数点以下4桁まで答えが出ました。次にわられる数は **111** です。これを **14** でわると商は **7**。これで小数点以下5桁までの答え **0.52517** にたどりつきました。

これは、**わる数が9で終わる場合**に当てはまる公式です。ここでは、わる数の **139** は9で終わる数なので、公式がそのまま使えました。

ほかの例で試してみます

83 ÷ 189 を小数点以下5桁まで求めましょう。

▶ 83 ÷ 189 を $\frac{83}{189}$、さらに $\frac{83}{190}$ と書きかえます。

$$83 ÷ 189 = \frac{83}{189} \rightarrow \frac{83}{190}$$

▶ $\frac{83}{190} = \frac{83}{19} \times \frac{1}{10}$ なので、83 ÷ 19 を計算します。
まず答えの欄に **0.** と書きます。

$$\frac{83}{19} \times \frac{1}{10} = \ 0.$$

▶ 83 ÷ 19 は 4 余り 7 なので、小数点の隣に 4 を書いて、余りの 7 を 5 の斜め前下に書きます。次にわられる数は **74** です。

$$\frac{83}{19} \times \frac{1}{10} = \ 0.\underset{7}{4} \quad \begin{matrix}\leftarrow 次にわられる数\\ \leftarrow 答え \\ \leftarrow 余り\end{matrix}$$

▶ 74 ÷ 19 は 3 余り 17 なので、商の 3 を 4 の次に書いて、余りの 17 を 3 の斜め前下に書きます。次にわられる数は **173** です。

$$\frac{83}{19} \times \frac{1}{10} = \ 0.\ 4\underset{7\ \ 17}{3} \quad \begin{matrix}\leftarrow 次にわられる数\\ \leftarrow 答え \\ \leftarrow 余り\end{matrix}$$

▶ 同様の手順をくり返します。

$$\frac{83}{19} \times \frac{1}{10} = 0.4\ 3\ 9\ 1\ 5 \leftarrow 答え$$
$$\phantom{\frac{83}{19} \times \frac{1}{10} = 0.}\ 7\ 17\ 2\ 10\ 6 \leftarrow 余り$$

次にわられる数

▶ これで **0.43915** という正解が得られました。

> わる数が9で終わるときはこの公式を使えマス

もうわかりましたね。
では次の例題を魔法で解いてみましょう。

例題

1 75 ÷ 139

2 63 ÷ 149

解答

1 $\dfrac{75}{139} \rightarrow \dfrac{75}{140} = \dfrac{75}{14} \times \dfrac{1}{10} = 0.\ 5\ 3\ 9\ 5\ 6 \leftarrow$ 答え
$ 5\ 13\ 7\ 9\ 11 \leftarrow$ 余り

2 $\dfrac{63}{149} \rightarrow \dfrac{63}{150} = \dfrac{63}{15} \times \dfrac{1}{10} = 0.\ 4\ 2\ 2\ 8\ 1 \leftarrow$ 答え
$ 3\ 4\ 12\ 2\ 13 \leftarrow$ 余り

Q 問題

公式を使って小数点以下5桁まで求めましょう。

❶ 76 ÷ 139　　❷ 64 ÷ 129　　❸ 1 ÷ 19

❹ 1 ÷ 29　　❺ 3 ÷ 39　　❻ 5 ÷ 49

❼ 63 ÷ 129　　❽ 43 ÷ 179　　❾ 83 ÷ 119

❿ 76 ÷ 189　　⓫ 53 ÷ 149　　⓬ 57 ÷ 159

A 解答

❶ 0.54676　　❷ 0.49612　　❸ 0.05263
❹ 0.03448　　❺ 0.07692　　❻ 0.10204
❼ 0.48837　　❽ 0.24022　　❾ 0.69747
❿ 0.40211　　⓫ 0.35570　　⓬ 0.35849

わる数が8で終わる場合

ここまで読んで「アレッ?」と思われた人も多いでしょう。
魔法の公式は「わる数が9で終わる場合」にしか使えないのでしょうか。
いえ、そんなことはありません。少し手を加えれば、わる数が8や7、6などで終わる場合にも使えるのです。

では、**わる数が8で終わる場合**の問題を解いてみましょう。

$$\frac{73}{138} \rightarrow \frac{73}{140} = \frac{73}{14} \times \frac{1}{10} = 0.52898$$

次にわられる数／商×(9−8)／答え／余り
書きかえる

解き方

▶ わり算に入るまでの手順は「わる数が9で終わる場合」と同じです。

▶ **73 ÷ 14 は 5 余り 3** なので、商 **5** を答えの欄に、余り **3** を商の斜め前下に書きます。

▶ 次に商の斜め後ろ上に、今求めた商の **1 倍（9 − 8 = 1）** の数を書きます。この **9 − 8** は、わる数が **9** から **8** に変わったためだと考えてください。ここでは商が **5** なので、**5 × 1 = 5** で **+ 5** と書いておきます。

▶ 余りが **3**、商が **5** なので、わる数の末尾が **9** のときは次にわられる数は **35** でしたが、末尾が **8** のときはここに上の段の **5** をたして **40** にしてから **14** でわります。

▶ **40 ÷ 14 は 2 余り 12** なので、商 **2** を答えの欄に、余り **12** を商の斜め前下に、商の **1 倍** の **+ 2** を商の斜め後ろ上に書きます。次にわられる数は **122 + 2 = 124** となります。

▶ この手順をくり返します。答えは **0.52898** となります。

理解を深めるために、例題をいくつか解いてみましょう。

例題

1. $75 \div 168$

2. $83 \div 178$

3. $31 \div 188$

解答

1.
$$\frac{75}{168} \rightarrow \frac{75}{170} = \frac{75}{17} \times \frac{1}{10} = \begin{array}{c} \;\;{\scriptstyle +4}\;{\scriptstyle +4}\;{\scriptstyle +6}\;{\scriptstyle +4} \\ 0.\;4\;\;4\;\;6\;\;4\;\;2 \\ \;\;7\;\;10\;\;6\;\;4 \end{array} \begin{array}{l} \leftarrow 答え \\ \leftarrow 余り \end{array}$$

2.
$$\frac{83}{178} \rightarrow \frac{83}{180} = \frac{83}{18} \times \frac{1}{10} = \begin{array}{c} \;\;{\scriptstyle +4}\;{\scriptstyle +6}\;{\scriptstyle +6}\;{\scriptstyle +2} \\ 0.\;4\;\;6\;\;6\;\;2\;\;9 \\ \;11\;10\;\;4\;\;16 \end{array} \begin{array}{l} \leftarrow 答え \\ \leftarrow 余り \end{array}$$

3.
$$\frac{31}{188} \rightarrow \frac{31}{190} = \frac{31}{19} \times \frac{1}{10} = \begin{array}{c} \;\;{\scriptstyle +1}\;{\scriptstyle +6}\;{\scriptstyle +4}\;{\scriptstyle +8} \\ 0.\;1\;\;6\;\;4\;\;8\;\;9 \\ \;12\;\;8\;16\;16 \end{array} \begin{array}{l} \leftarrow 答え \\ \leftarrow 余り \end{array}$$

Q 問題

公式を使って小数点以下5桁まで求めましょう。

① 78 ÷ 138   ② 54 ÷ 148   ③ 63 ÷ 128

④ 51 ÷ 118   ⑤ 56 ÷ 118   ⑥ 49 ÷ 128

⑦ 83 ÷ 178   ⑧ 89 ÷ 148   ⑨ 32 ÷ 148

A 解答

① 0.56521   ② 0.36486   ③ 0.49218
④ 0.43220   ⑤ 0.47457   ⑥ 0.38281
⑦ 0.46629   ⑧ 0.60135   ⑨ 0.21621

わる数が7～2で終わる場合

わる数が7で終わる場合

わる数が8で終わる場合も、魔法の公式が使えました。
では、わる数が7で終わる場合はどうでしょう。

例をあげます。

$$\frac{73}{137} \rightarrow \frac{73}{140} = \frac{73}{14} \times \frac{1}{10} = 0.5328\ 4\cdots$$

（書きかえる）

上段に $+10, +6, +4, +16$、余り $3, 3, 11, 4$
←次にわられる数
←商×(9−7)
←答え
←余り

解き方を見ればすぐにわかると思いますが、この場合は上段の数が商の2倍（**9 − 7 = 2**）になっています。ほかの手順はこれまでと同じですね。

わる数が6で終わる場合

わる数が6で終わる場合はどうなるでしょう。

$$\frac{73}{136} \rightarrow \frac{73}{140} = \frac{73}{14} \times \frac{1}{10} = 0.5367\ 6\cdots$$

（書きかえる）

上段に $+15, +9, +18, +21$、余り $3, 8, 8, 6$
←次にわられる数
←商×(9−6)
←答え
←余り

この場合は、上段の数が商の3倍（**9 − 6 = 3**）になるわけです。

ここまでは **73 ÷ 139**、**73 ÷ 138**、**73 ÷ 137**、**73 ÷ 136** の解き方を説明してきました。

では、次のような場合はどうでしょう。

73 ÷ 135　73 ÷ 134　73 ÷ 133　73 ÷ 132　73 ÷ 131

1つずつ見ていきましょう。

73 ÷ 135
わる数とわられる数をそれぞれ2倍してから、わる数の桁を減らしてください。

$$\frac{73}{135} \times \frac{2}{2} = \frac{146}{270} = \frac{146}{27} \times \frac{1}{10}$$

> わる数の桁を減らせば、計算は楽になりマース

73 ÷ 134
わる数とわられる数をそれぞれ5倍してから、わる数の桁を減らしてください。

$$\frac{73}{134} \times \frac{5}{5} = \frac{365}{670} = \frac{365}{67} \times \frac{1}{10}$$

73 ÷ 133
わる数とわられる数をそれぞれ3倍してから、わる数が9で終わる場合の解き方を使ってください。

$$\frac{73}{133} \times \frac{3}{3} = \frac{219}{399} \rightarrow \frac{219}{40} \times \frac{1}{10}$$

$$= 0.5\ 4\ 8\ 8\ 7\ \ \leftarrow 答え$$
$$19\ 35\ 34\ 28\ 8\ \ \leftarrow 余り$$

73 ÷ 132

わる数とわられる数をそれぞれ5倍してから、わる数の桁を減らしてください。

$$\frac{73}{132} \times \frac{5}{5} = \frac{365}{660} = \frac{365}{66} \times \frac{1}{10}$$

わる数が1で終わる場合

わる数が1で終わる場合の解き方は、従来の方法と少し異なります。

73 ÷ 131

この場合は、わる数とわられる数からそれぞれ1をひきます。

$$\frac{(73-1)}{(131-1)} = \frac{72}{130} = \frac{72}{13} \times \frac{1}{10}$$

$$\frac{72}{13} \times \frac{1}{10} = 0.\underset{7}{\overset{4}{5}}\underset{9}{\overset{4}{5}}\underset{3}{\overset{2}{7}}\underset{6}{\overset{7}{2}}5$$

← 次にわられる数
← 9−商
← 答え
← 余り

解き方

▶ 72 ÷ 13 の商5を答えの欄に、余り7を5の斜め前下に書きます。ここまでは従来と同じです。

▶ 次に（9−商）を商の斜め前上に書きます。商は5なので、（9−商）は4です。

▶ 次にわられる数は、余りと（9−商）をつなげたものです。この場合は74になります。

▶ 以後、同じ手順をくり返します。

では、同じ方法で例題を解いてみましょう。

例題

1 $63 \div 121$　　　　**2** $59 \div 171$

解答

1

$$\frac{(63-1)}{(121-1)} = \frac{62}{120} = \frac{62}{12} \times \frac{1}{10} = 0.5206 \ldots$$

次にわられる数
← (9−商)
← 答え
← 余り

桁: 4 7 9 3
答: 5 2 0 6 6
余: 2 0 7 7

2

$$\frac{(59-1)}{(171-1)} = \frac{58}{170} = \frac{58}{17} \times \frac{1}{10} = 0.3450 \ldots$$

次にわられる数
← (9−商)
← 答え
← 余り

桁: 6 5 4 9
答: 3 4 5 0 2
余: 7 8 0 4

Q 問題

公式を使って小数点以下5桁まで求めましょう。

❶ 63 ÷ 131　　❷ 84 ÷ 151

❸ 87 ÷ 171　　❹ 89 ÷ 181

❺ 85 ÷ 176　　❻ 45 ÷ 127

❼ 63 ÷ 137　　❽ 54 ÷ 136

A 解答

❶ 0.48091　　❷ 0.55629
❸ 0.50877　　❹ 0.49171
❺ 0.48295　　❻ 0.35433
❼ 0.45985　　❽ 0.39705

2 魔法のフォーマット

普通のわり算の場合、小さな2桁のわり算なら簡単にできても、わる数が大きくなってくると効率が悪くなります。しかし、ここで紹介する魔法の解き方ではわる数が小さな数に分解されるので、ひとつひとつの計算がとても楽になるのです。

フォーマットの書き方

普通のわり算は、次のようなフォーマットで解いていきます。

$$\text{わる数} \overline{\smash{)}\text{わられる数}}^{\text{商}}$$

魔法のわり算では、次のようなフォーマットで解いていきます。

フラグ わる数	わられる数	
	商	：余り

フォーマットを
よ〜く頭に
入れてくださサイ

すっきりさせるために数字を当てはめてみましょう。
3246738 ÷ 178 をこのフォーマットで書いてみます。

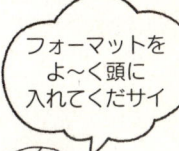

```
           商の領域    余りの領域
フラグ→   8  324673 : 8  ←わられる数
わる数→  17
              商   : 余り
```

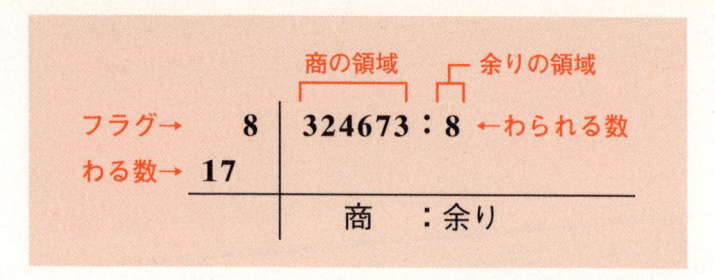

ご覧の通り、わる数の **178** が 2 つに分割されて **17** と **8** になっています。実際にわり算をするのは **17** のほうで、**8**（**フラグ**と呼びます）は **次にわられる数**を求めるときに使います。

余りの領域の桁数はフラグの桁数と同じにしてください。ここではフラグが 1 桁なので、余りの領域の桁数も 1 桁になっています。

では、このフォーマットを使って実際にわり算をしてみましょう。

3 桁の小さな数でわる場合

わる数が 3 桁の小さな数である場合、フラグは 1 桁にします。逆に大きな数でわる場合は 2 桁にします（後述）。

計算の手順は

▶ **わる数**で実際にわり算をする
▶ **フラグ**を使って**次にわられる数**を計算する

のくり返しです。

では、解き方を説明しましょう。
問題は **3246738 ÷ 178**、わる数は **17**、フラグは **8** です。

> わる数を小さな数に分割するのがポイント！

解き方

▶ 最初にわられる数は **32** です。**32 ÷ 17** は **1 余り 15** なので、答えの欄に **1** を書き、**15** を **4** の斜め前下に書きます。これでわり算の部分は終わったので、今度はフラグの数を使って次にわられる数を計算しましょう。

▶ 次にわられる数は **154** になるはずですが、ここからフラグの数と今求めた商をかけたものをひきます。**154 − 8 × 1 = 154 − 8 = 146** なので、次にわられる数は **146** となります。

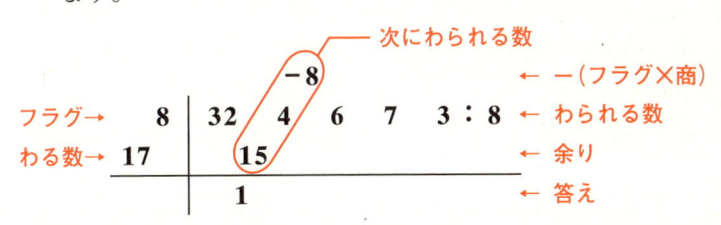

```
                     次にわられる数
                   ┌──────┐
              −8
フラグ→    8 │ 32  4   6   7   3 : 8   ← わられる数     ← −（フラグ×商）
わる数→   17 │    15                    ← 余り
           ─────────────────────
                 1                       ← 答え
```

▶ **146 ÷ 17** を計算します。商は **8** なので、答えの欄の **1** の次に **8** を書き、余りの **10** を **6** の斜め前下に書きます。

▶ 次にわられる数は **106** になるはずですが、手順通りに次にわられる数を求めると、**106 − 8 × 8 = 106 − 64 = 42** となります。今度はこれを **17** でわります。

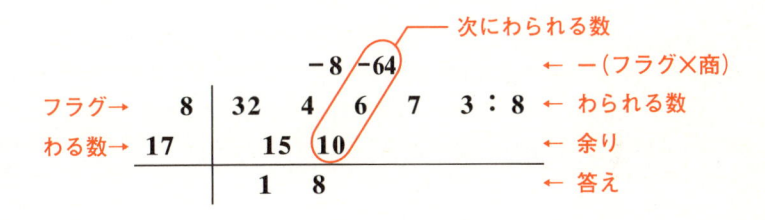

```
                          次にわられる数
                        ┌──────┐
              −8  −64
フラグ→    8 │ 32  4   6   7   3 : 8   ← わられる数     ← −（フラグ×商）
わる数→   17 │    15  10                ← 余り
           ─────────────────────
                 1   8                    ← 答え
```

▶ **42 ÷ 17** を計算します。商は **2** なので、答えの欄の **8** の次に **2** を書き、余りの **8** を **7** の斜め前下に書きます。

▶ 次にわられる数は **87** になるはずですが、手順通りに次にわられる数を求めると、**87 − 8 × 2 = 87 − 16 = 71** となります。今度はこれを **17** でわります。

```
                              ┌── 次にわられる数
              -8  -64 -16      ← −(フラグ×商)
フラグ→   8 │ 32  4  6  7  3 : 8  ← わられる数
わる数→  17 │    15 10  8       ← 余り
           ├─────────────────
             1  8  2          ← 答え
```

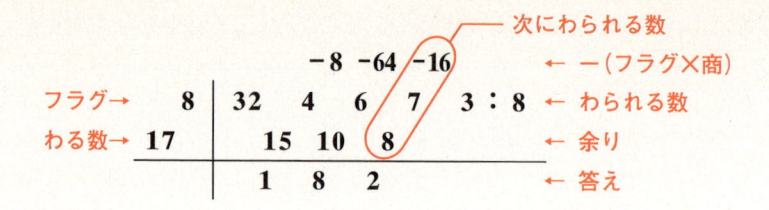

▶ $71 \div 17$ を計算します。商は **4** なので、答えの欄の **2** の次に **4** を書き、余りの **3** を **3** の斜め前下に書きます。

▶ 次にわられる数は **33** になるはずですが、手順通りに次にわられる数を求めると、$33 - 8 \times 4 = 33 - 32 = 1$ となります。今度はこれを **17** でわります。

```
                               ┌── 次にわられる数
              -8  -64 -16 -32    ← −(フラグ×商)
フラグ→   8 │ 32  4  6  7  3 : 8  ← わられる数
わる数→  17 │    15 10  8  3     ← 余り
           ├─────────────────
             1  8  2  4        ← 答え
```

▶ $1 \div 17$ を計算します。商は **0** なので、答えの欄に **0** を書き、余りの **1** を **8** の斜め前下に書きます。

▶ $18 - 0 \times 8 = 18$ なので、次にわられる数は **18** ですが、すでに「余りの領域」に入っているので、この **18** が答えの余りになります。したがって、答えは **18240 余り 18** です。

```
                                  ┌── 余り
              -8  -64 -16 -32  0   ← −(フラグ×商)
フラグ→   8 │ 32  4  6  7  3 : 8   ← わられる数
わる数→  17 │    15 10  8  3  1    ← 余り
           ├──────────────────────
             1  8  2  4  0 : 18    ← 答え
```

ここでひとつ注意があります

次にわられる数を計算したときに負の数になった場合は、その前の商から1を引いて計算しなおさなければなりません。

おさらいを兼ねて、例を見てみましょう。
問題は 32466738 ÷ 178、途中までの計算は先ほどと同じです。

解き方

▶ 32 ÷ 17 は **1** 余り **15**。次にわられる数は **154 − 8 × 1** で **146** になります。

▶ 146 ÷ 17 は **8** 余り **10**。次にわられる数は **106 − 8 × 8** で **42** になります。

▶ 42 ÷ 17 は **2** 余り **8**。次にわられる数は **86 − 8 × 2** で **70** になります。

▶ 70 ÷ 17 は **4** 余り **2**。次にわられる数は **27 − 8 × 4** で **− 5** になります。

```
                    −8  −64  −16  −32
         8 │ 32   4    6    6    7    3 ∶ 8
        17 │     15   10    8    2
           └─────────────────────────────
                  1    8    2    4
```

27−32＝−5
（負の数）

次にわられる数が負のときは、その前の数から1を引きマス

ここで、次にわられる数が **− 5** という負の数になりました。これ以上は続けられないので、先に説明したように一歩戻って商を **1** 減らします。つまり、

▶ 70 ÷ 17 を **4** 余り **2** ではなく **3** 余り **19** とします。次にわられる数は **197 − 8 × 3** で **173** になります。

```
            -8  -64  -16 -24
     8 | 32   4   6   6   7   3 : 8
    17 |     15  10   8  (19)
           1   8   2  (3)
```

▶ **173 ÷ 17** は **9 余り 20** にします。ここで商を **10** ではなく **9** にしたのは、前の手順で説明したのと同じ理由です。次にわられる数は **203 − 8 × 9** で **131** になります。

▶ **131 ÷ 17** は **7 余り 12**。次にわられる数は **128 − 8 × 7** で **72** になります。したがって、答えは **182397 余り 72** となります。

```
            -8  -64  -16 -24  -72 -56
     8 | 32   4   6   6   7   3 : 8
    17 |     15  10   8  19  20  12
           1   8   2   3   9   7 : 72
```

魔法のフォーマットを
使えばわり算も
スラスラ解けマスネ

では、同じ方法で例題を解いてみましょう。

例題

1 48764 ÷ 156

2 73284 ÷ 187

解答

1

```
                    -18  -6 -12
        6  |  48    7    6 : 4
       15  |        3    4   10
           ─────────────────────
                    3    1   2 : 92   ← 答え
```

2

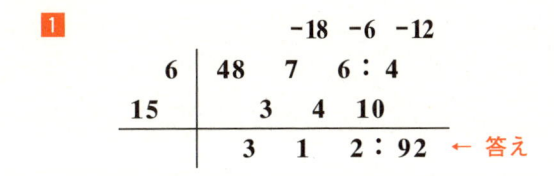

```
                    -21  -63  -7
        7  |  73    2    8 : 4
       18  |        19   9   17
           ─────────────────────
                    3    9   1 : 167   ← 答え
```

memo

6898 ÷ 89 のようにわる数が 2 桁の大きな数の場合は、このような書き方をすることもできます。

```
        9  |  68    9 : 8
        8  |
           ─────────────
```

右側の数がフラグで、左側の数がわる数になります。

Q 問題

公式を使って解きましょう。

① 40897 ÷ 167　② 50326 ÷ 132　③ 326312 ÷ 157

④ 46896 ÷ 217　⑤ 58919 ÷ 159　⑥ 61312 ÷ 138

⑦ 32163 ÷ 126　⑧ 12462 ÷ 138　⑨ 13662 ÷ 116

⑩ 86962 ÷ 184　⑪ 62123 ÷ 154　⑫ 12633 ÷ 173

⑬ 83448 ÷ 137　⑭ 47132 ÷ 113　⑮ 87634 ÷ 198

⑯ 48321 ÷ 164　⑰ 58621 ÷ 189　⑱ 32362 ÷ 98

⑲ 58632 ÷ 89　⑳ 62361 ÷ 167　㉑ 13623 ÷ 158

㉒ 12238 ÷ 78　㉓ 21234 ÷ 97　㉔ 63212 ÷ 169

A 解答

① 244 余り 149　② 381 余り 34　③ 2078 余り 66

④ 216 余り 24　⑤ 370 余り 89　⑥ 444 余り 40

⑦ 255 余り 33　⑧ 90 余り 42　⑨ 117 余り 90

⑩ 472 余り 114　⑪ 403 余り 61　⑫ 73 余り 4

⑬ 609 余り 15　⑭ 417 余り 11　⑮ 442 余り 118

⑯ 294 余り 105　⑰ 310 余り 31　⑱ 330 余り 22

⑲ 658 余り 70　⑳ 373 余り 70　㉑ 86 余り 35

㉒ 156 余り 70　㉓ 218 余り 88　㉔ 374 余り 6

3桁の大きな数でわる場合

今度はわる数が特に大きい場合の説明をしましょう。
たとえば、**374268 ÷ 884** などのわり算では、次のようにフラグを2桁にして、わる数を1桁にします。

```
                        商の領域      余りの領域
 フラグ→   84  | 37  4  2 : 6  8
 わる数→    8  |
```

ここで注意してほしいのは、フラグが2桁になると、**わられる数の余りの領域（：の右側）も2桁になる**ということです。

では、手順を説明していきましょう。

解き方

▶ **37 ÷ 8 は 4 余り 5**。次にわられる数は **54** になるはずですが、ここでフラグの左の数と今求めた商をかけたものをひきます。**54 − 8 × 4 = 54 − 32 = 22** なので、次にわられる数は **22** となります。

```
                       フラグの
                       左の数  商
                         ↓   ↓
                       −( 8 × 4 )
                         −32
         84  | 37  4  2 : 6  8
          8  |      5
             |   4
```

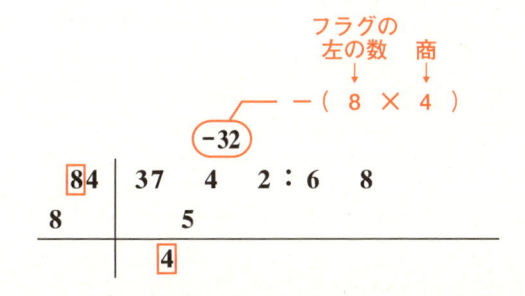

▶ **22 ÷ 8 は 2 余り 6**。次にわられる数は **62** になるはずですが、再びここでフラグの数と商をたすきがけしてたしたも

のをひきます。62 − (8 × 2 + 4 × 4) = 62 − 32 = 30 なので、次にわられる数は 30 となります。

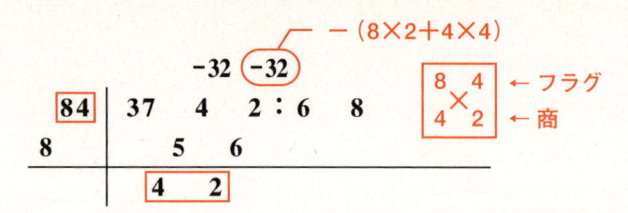

```
                  −32  −32              ─ (8×2+4×4)
     ┌──
 |84|  37  4  2 : 6  8        8 4  ← フラグ
  8         5  6              × 
                              4 2  ← 商
            4  2
```

▶ 30 ÷ 8 は 3 余り 6。次にわられる数は 66 になるはずですが、再びフラグの数と商の右側 2 つの数をたすきがけしてたしたものをひきます。66 − (8 × 3 + 4 × 2) = 66 − 32 で、34 という数が得られます。

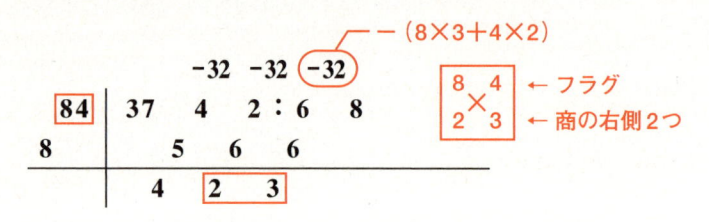

```
               −32  −32  −32         ─ (8×3+4×2)
 |84|  37  4   2 : 6   8       8 4  ← フラグ
  8         5  6   6           ×
                               2 3  ← 商の右側2つ
            4  2   3
```

▶ その 34 の後ろにわられる数の最後の 8 をつなげて 348 とします。この 348 からフラグの右の数と商の右端の数をかけたものをひきます。348 − (4 × 3) = 348 − 12 = 336 で、この 336 が余りになります。

```
               −32  −32  −32       66  −32  = 34
 |84|  37  4   2 : 6   8           34 に 8 をつなげる
  8         5  6   6               348 − 4 × 3
            4  2   3 : 336
```

▶ 答えは 423 余り 336 です。

Q 問題

公式を使って解きましょう。

① 80649 ÷ 984   ② 60312 ÷ 762   ③ 51336 ÷ 862

④ 43212 ÷ 978   ⑤ 61231 ÷ 869   ⑥ 78632 ÷ 789

⑦ 13263 ÷ 876   ⑧ 76321 ÷ 594   ⑨ 68323 ÷ 964

⑩ 89033 ÷ 879   ⑪ 50321 ÷ 972   ⑫ 99631 ÷ 997

A 解答

① 81 余り 945   ② 79 余り 114   ③ 59 余り 478
④ 44 余り 180   ⑤ 70 余り 401   ⑥ 99 余り 521
⑦ 15 余り 123   ⑧ 128 余り 289   ⑨ 70 余り 843
⑩ 101 余り 254   ⑪ 51 余り 749   ⑫ 99 余り 928

4桁でわる場合

わる数が4桁の場合も、フラグを2桁にすることで、同じように魔法のわり算を使うことができます。

では、解き方を見ていきましょう。
問題は 827476 ÷ 1568 です。

> わる数が4桁になっても同じデス

解き方

```
              -30 -52 -58
       68 | 82  7   4 : 7  6
       15 |     7  17  17
       ────────────────────
                 5   2   7
```

▶ 82 ÷ 15 は 5 余り 7
▶ 77 −（フラグの左の数 × 商）
   = 77 − 6 × 5 = 77 − 30 = 47
▶ 47 ÷ 15 は 2 余り 17
▶ 174 −（フラグと商のたすきがけ）
   = 174 −（6 × 2 + 8 × 5）= 122

$\begin{array}{c}68\\ \times \\ 52\end{array}$

▶ 122 ÷ 15 は 7 余り 17
▶ 177 −（フラグと商右側2つのたすきがけ）
   = 177 −（6 × 7 + 8 × 2）= 119

$\begin{array}{c}68\\ \times \\ 27\end{array}$

▶ わられる数の最後の 6 を 119 の後につなげる → 1196
▶ 1196 −（フラグの右の数 × 商の右端の数）
   = 1196 − 8 × 7 = 1140
▶ 答えは 527 余り 1140

Q 問題

公式を使って解きましょう。

① 106356 ÷ 1274
② 987634 ÷ 1156
③ 382123 ÷ 1584
④ 63426 ÷ 1376
⑤ 87342 ÷ 1897
⑥ 87643 ÷ 1654
⑦ 38321 ÷ 1997
⑧ 16841 ÷ 1764
⑨ 18432 ÷ 1964
⑩ 68432 ÷ 1843
⑪ 81762 ÷ 1643
⑫ 46421 ÷ 1732
⑬ 38347 ÷ 1549
⑭ 28614 ÷ 1963
⑮ 56498 ÷ 1859
⑯ 56432 ÷ 2136
⑰ 38413 ÷ 1269
⑱ 338624 ÷ 1781
⑲ 64321 ÷ 1843
⑳ 20016 ÷ 1836

A 解答

① 83 余り 614
② 854 余り 410
③ 241 余り 379
④ 46 余り 130
⑤ 46 余り 80
⑥ 52 余り 1635
⑦ 19 余り 378
⑧ 9 余り 965
⑨ 9 余り 756
⑩ 37 余り 241
⑪ 49 余り 1255
⑫ 26 余り 1389
⑬ 24 余り 1171
⑭ 14 余り 1132
⑮ 30 余り 728
⑯ 26 余り 896
⑰ 30 余り 343
⑱ 190 余り 234
⑲ 34 余り 1659
⑳ 10 余り 1656

小数点以下のわり算

わり算の解き方はもうわかりましたね。
今度は余りを出すのではなく、小数点以下まで答えを求めてみましょう。
たとえば、**3246738 ÷ 178** を小数点以下2桁まで求めることにします。

例によって、魔法のわり算のフォーマットを使います。
わる数が小さいのでフラグは1桁です。

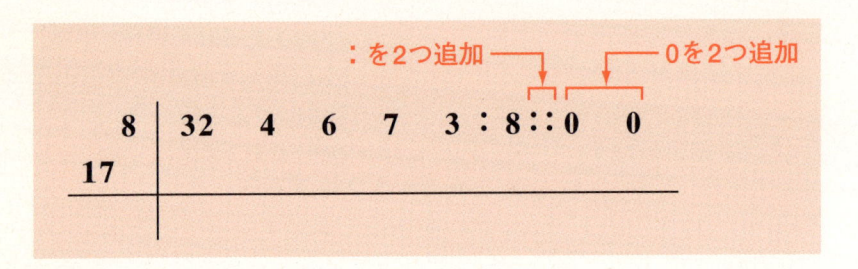

```
                              ：を2つ追加      0を2つ追加
        8 │ 32   4   6   7   3 ： 8 ：： 0   0
       17
```

小数点以下2桁まで求める場合は、このようにわられる数の末尾に「：」を2つ書き、0を2つ追加します。解き方の手順そのものは、これまでとまったく同じです。

解き方

▶ **32 ÷ 17** は **1** 余り **15**。次にわられる数は **154 − 8 × 1** で **146** になります。

▶ **146 ÷ 17** は **8** 余り **10**。次にわられる数は **106 − 8 × 8** で **42** になります。

▶ **42 ÷ 17** は **2** 余り **8**。次にわられる数は **87 − 8 × 2** で **71** になります。

▶ **71 ÷ 17** は **4** 余り **3**。次にわられる数は **33 − 8 × 4** で **1** になります。

▶ **1 ÷ 17** は **0** 余り **1**。次に「余りの領域」に入るので、ここまでで得られた商の後ろに小数点を打ちます。

```
                  -8  -64 -16 -32     余りの領域
          8 │ 32   4   6   7   3 : 8 :: 0   0
         17 │      15  10  8   3   1
            │       1  8   2   4   0  .
                                        └─ 小数点を打つ
```

- 次にわられる数は 18 − 8 × 0 で 18 になります。
- 18 ÷ 17 は **1 余り 1**。次にわられる数は 10 − 8 × 1 で **2** になります。
- 2 ÷ 17 は **0 余り 2**。これで小数点以下 2 桁まで来ました。正解は **18240.10** です。

```
                  -8  -64 -16 -32   0  -8
          8 │ 32   4   6   7   3 : 8 :: 0   0
         17 │      15  10  8   3   1   1   2
            │       1  8   2   4   0  . 1   0
```

このテクニックを使えば、小数点以下何桁まででも求めることができます。小数点以下の桁数に応じて、わられる数の末尾に追加する **0** の数を増やすだけでよいのです。

たとえば、**86432 ÷ 197** を小数点以下 4 桁まで求める場合は、次のように **0** を 4 つ追加して計算します。

```
          7 │ 86   4   3 : 2 :: 0   0   0   0
         19 │
```

Q 問題

公式を使って小数点以下4桁まで求めましょう。

❶ 86432 ÷ 197 ❷ 343762 ÷ 1654

❸ 48436 ÷ 168 ❹ 56336 ÷ 198

❺ 43643 ÷ 894 ❻ 87643 ÷ 976

❼ 732162 ÷ 1898 ❽ 17326 ÷ 978

❾ 17632 ÷ 687 ❿ 10132 ÷ 1874

⓫ 36242 ÷ 884 ⓬ 876321 ÷ 1984

A 解答

❶ 438.7411 ❷ 207.8367
❸ 288.3095 ❹ 284.5252
❺ 48.8176 ❻ 89.7981
❼ 385.7544 ❽ 17.7157
❾ 25.6652 ❿ 5.4066
⓫ 40.9977 ⓬ 441.6940

第3章
2乗

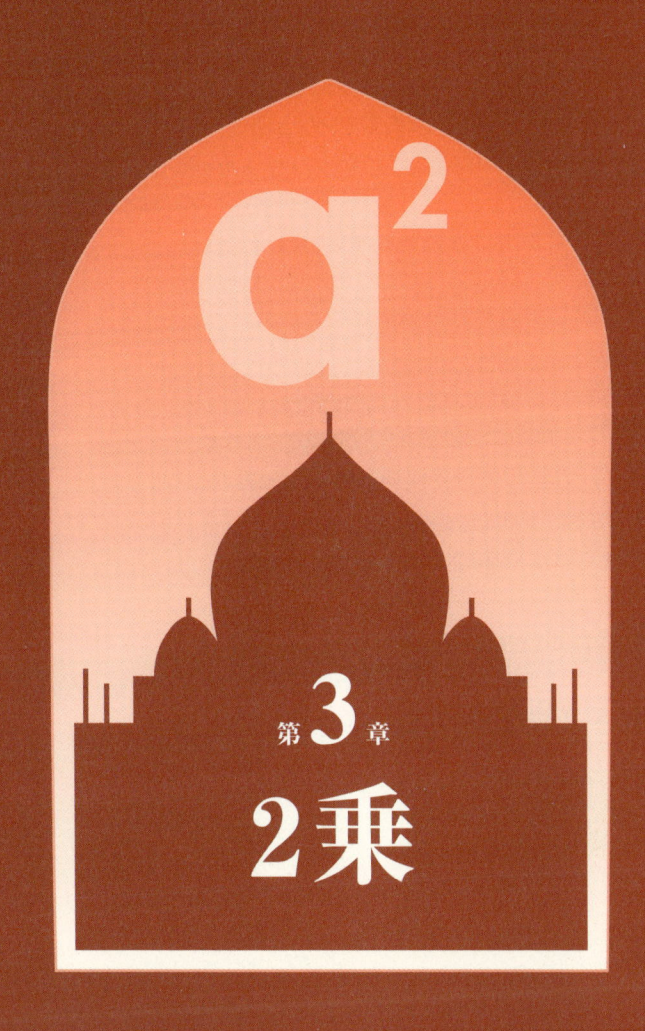

a^2

5で終わる数の2乗

この章では2乗に挑戦しましょう。
まず「5で終わる数」の2乗です。

たとえば85の2乗を見てみましょう。
$85^2 = 85 \times 85$ なので、これを筆算の形に書きなおしておきます。

$$
\begin{array}{r}
85 \\
\times\ 85 \\
\hline
\end{array}
$$

何か気づきませんか？
そうです。「**左側の数が同じで、右側の数の合計が10**」になるので、第1章で学んだ「はじめの公式」がそのまま使えるのです。

では、おさらいを兼ねて解いてみましょう。

解き方
- ▶ まず右側（1の位）の**5**と**5**をかけて、結果の**25**を答えの欄の右半分に書きます。
- ▶ 上段の左側（10の位）の**8**に**1**をたして**9**にします。
- ▶ その**9**と、下段の左側の**8**とをかけた**72**を答えの欄の左半分に書きます。
- ▶ 答えは**7225**ですね。

$$
\begin{array}{r}
85 \\
\times\ 85 \\
\hline
7225
\end{array}
$$

この方法を使えば、5で終わるすべての2桁の数の2乗が計算できます。
3桁の数を2乗する場合でも、公式が使えます。

Q 問題

公式を使って解きましょう。

① 15^2　　② 25^2　　③ 35^2　　④ 45^2

⑤ 55^2　　⑥ 65^2　　⑦ 75^2　　⑧ 85^2

⑨ 95^2　　⑩ 105^2　　⑪ 115^2　　⑫ 125^2

⑬ 135^2　　⑭ 145^2　　⑮ 155^2　　⑯ 165^2

A 解答

① 225　　② 625　　③ 1225　　④ 2025
⑤ 3025　　⑥ 4225　　⑦ 5625　　⑧ 7225
⑨ 9025　　⑩ 11025　　⑪ 13225　　⑫ 15625
⑬ 18225　　⑭ 21025　　⑮ 24025　　⑯ 27225

１つ上の数の２乗

ある数の２乗の答えがわかっている場合、その１つ上の数の２乗はどのように求めればよいでしょう？
まず公式を紹介します。ここでは、「答えがわかっているある数」を x で表しています。

$$(x + 1)^2 = x^2 + x + (x + 1)$$

これに数字を当てはめてみましょう。
たとえば、先ほどの公式を使えば、$75^2 = 5625$ だとすぐにわかります。
これより１つ上の数、つまり 76 の２乗はどうなるでしょう？
この場合、x は 75、$x + 1$ は 76 です。

$$\begin{aligned} 76^2 &= 75^2 + 75 + 76 \\ &= 5625 + 151 \\ &= 5776 \end{aligned}$$

簡単ですね。
同じようにすれば、71 や 81 といった数の２乗も簡単に求められます。
なぜなら、70 や 80 の２乗はすぐにわかるからです。

$$\begin{aligned} 71^2 &= 70^2 + 70 + 71 \\ &= 4900 + 141 \\ &= 5041 \end{aligned}$$

$$\begin{aligned} 81^2 &= 80^2 + 80 + 81 \\ &= 6400 + 161 \\ &= 6561 \end{aligned}$$

もう２乗の計算はばっちりデスネ

Q 問題

公式を使って解きましょう。

① 31^2　　② 36^2　　③ 46^2　　④ 51^2

⑤ 56^2　　⑥ 61^2　　⑦ 66^2　　⑧ 86^2

⑨ 91^2　　⑩ 96^2

A 解答

① 961　　② 1296　　③ 2116　　④ 2601
⑤ 3136　　⑥ 3721　　⑦ 4356　　⑧ 7396
⑨ 8281　　⑩ 9216

１つ下の数の２乗

１つ上の数の解き方はわかりましたね。
今度は逆に、「答えがわかっているある数」より１つ下の数の２乗を求められるようにしましょう。

まずは公式からいきましょう。

$$(x - 1)^2 = x^2 - \{x + (x - 1)\}$$

では 69 の２乗をこれに当てはめてみます。
69 は 70 の１つ下で、70 の２乗はすぐにわかります。

$$\begin{aligned} 69^2 &= 70^2 - (70 + 69) \\ &= 4900 - 139 \\ &= 4761 \end{aligned}$$

同様にして、64 や 74 といった数の２乗も簡単に求められます。

$$\begin{aligned} 64^2 &= 65^2 - (65 + 64) \\ &= 4225 - 129 \\ &= 4096 \end{aligned}$$

$$\begin{aligned} 74^2 &= 75^2 - (75 + 74) \\ &= 5625 - 149 \\ &= 5476 \end{aligned}$$

Q 問題

公式を使って解きましょう。

① 29^2　　② 24^2　　③ 34^2　　④ 39^2

⑤ 44^2　　⑥ 49^2　　⑦ 54^2　　⑧ 59^2

⑨ 64^2　　⑩ 69^2　　⑪ 74^2　　⑫ 79^2

⑬ 84^2　　⑭ 89^2　　⑮ 94^2　　⑯ 99^2

A 解答

① 841　　② 576　　③ 1156　　④ 1521
⑤ 1936　　⑥ 2401　　⑦ 2916　　⑧ 3481
⑨ 4096　　⑩ 4761　　⑪ 5476　　⑫ 6241
⑬ 7056　　⑭ 7921　　⑮ 8836　　⑯ 9801

2乗を計算する別の方法

11の2乗は、次のような公式であっという間に求めることができます。

$$11^2 = 11 + 1 \,/\, 1^2$$
$$= 12 \,/\, 1$$
$$= 121$$

(10との差)

公式を見れば一目瞭然ですが、どうやって解いたのか順を追って説明しましょう。理解できれば、暗算で2乗が計算できるはずです。

解き方

▶ 計算の基準となる数は **10** です。

▶ **11** に「**10との差**」つまり **1** をたします。**11 + 1** で **12** という値が得られます。

▶ 斜線を引いて、その右に **1** の2乗と書きます（この **1** も「**10との差**」です）。$1^2 = 1$ という値が得られます。

▶ 斜線の左と右をつなげて **121**。これが計算の答えです。

では、この公式を使って、次の例題を解いてみましょう。

例題

1. 12^2 2. 13^2

解答

1. $12^2 = 12 + 2 \,/\, 2^2$
   $= 14 \,/\, 4$
   $= 144$

2 $13^2 = 13 + 3 \,/\, 3^2$
$ = 16 /\, 9$
$ = 169$

ここでひとつ注意があります。
斜線の右の値が1桁の場合は、斜線の左と右を単純につなげればよいのですが、2桁以上の場合は、くり上げが必要になってきます。

14^2 を例に説明しましょう。

解き方
▶ 計算の基準となる数は **10** です。
▶ **14** に「**10** との差」つまり **4** をたします。**14 + 4** で **18** という値が得られます。
▶ 斜線を引いて、その右に **4** の2乗と書きます（この **4** も「**10** との差」です）。$4^2 = 16$ という値が得られます。
▶ 斜線の右側の **16** から1の位の **6** だけを残し、10の位の **1** はくり上げて、左側の **18** にたします。**18 + 1** で左側は **19** となります。
▶ 斜線の左と右をつなげて **196**。これが計算の答えです。

19の2乗までは
同じやり方で
できマス

　　　　　　　　　　10との差
$14^2 =\ 14 + 4\ /\ \ 4^2$
$ =\ \ \ \ 18\ \ /\ 16$
　　　　　　　　　くり上げ
$ =\ \ \ \ \ \ 196$

では、くり上げに注意しながら、以下の例題を解いてみましょう。

例題

1. 15^2
2. 16^2

解答

1. $15^2 = 15 + 5 \ / \ 5^2$
   $= \quad 20 \quad / \ 25$
   $= \quad\quad 225$

2. $16^2 = 16 + 6 \ / \ 6^2$
   $= \quad 22 \quad / \ 36$
   $= \quad\quad 256$

この解き方を用いれば、**19** の２乗までは同じようにできます。
では、**20** 以上の場合、たとえば **21** の２乗はどうなるでしょう？
手順はほぼ同じですが、少し手を加える必要が出てきます。

基準の数20は
10の2倍　　　　20との差

$21^2 = 2 \times (21 + 1) \ / \ 1^2$
$\quad\ = 2 \times \quad 22 \quad\ / \ 1$
$\quad\ = \quad\quad 44 \quad\ / \ 1$
$\quad\ = \quad\quad\quad 441$

この場合は、基準の数が **20** になります。
20 = 10 × 2 なので、斜線の左側に **2** をかけるとよいのです。

では、同じ方法で次の例題を解いてみましょう。

例題

1 23^2

2 24^2

解答

1 23^2 = 2 × (23 + 3) / 3^2
　　　 = 2 ×　　26　　 / 9
　　　 =　　　 52　　 / 9
　　　 =　　　　 529

2 24^2 = 2 × (24 + 4) / 4^2
　　　 = 2 ×　　28　　 / 16
　　　 =　　　 56　　 / 16
　　　 =　　　　 576

> 斜線の右側が2桁以上だとくり上げが必要デス

ここまでわかれば、31 から 39 の 2 乗の求め方もわかりますね。

31^2 = 3 × (31 + 1) / 1^2
　　　= 3 ×　　32　　 / 1
　　　=　　　 96　　 / 1
　　　=　　　　 961

この方法を使えば、99 までのすべての 2 桁の数について、2 乗を求めることができます。

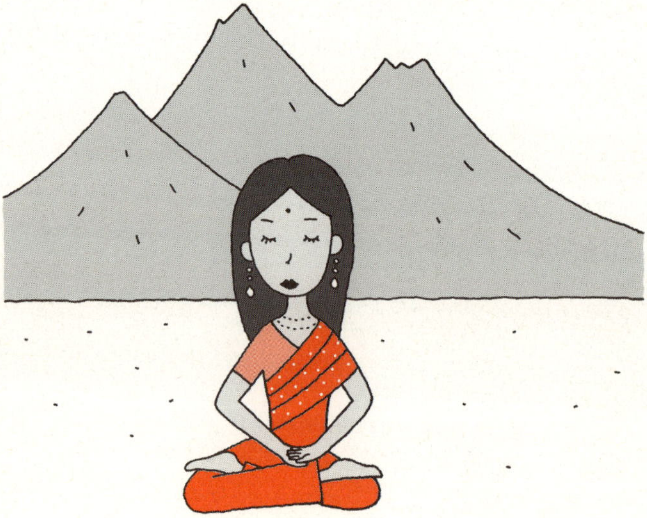

第4章 3乗

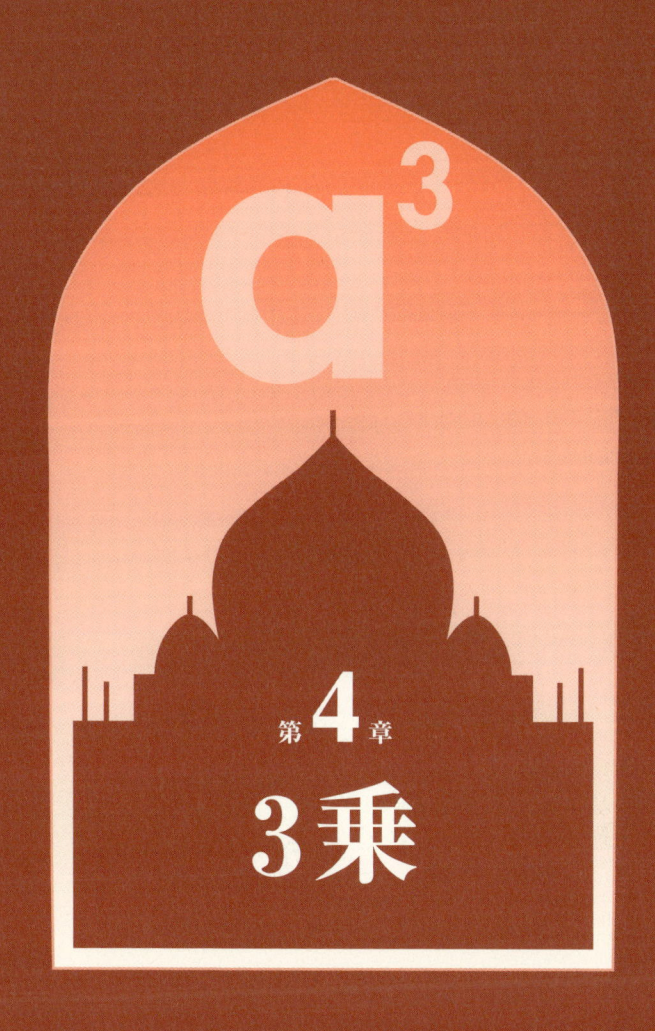

a^3

２桁の３乗を求める場合

２桁の数の３乗を簡単に求めるには、次の公式の助けを借ります。

$$(a + b)^3 = a^3 + 3a^2b + 3ab^2 + b^3$$

この公式は習ったおぼえがありますね？
では、右辺の書き方を変えてみましょう。

$$\begin{array}{cccc} a^3 & a^2b & ab^2 & b^3 \\ & 2a^2b & 2ab^2 & \\ \hline \end{array}$$

$3a^2b$ は $a^2b + 2a^2b$、$3ab^2$ は $ab^2 + 2ab^2$ なので、これらを２段に分けて書いてあります。

さて、上の段の a^3、a^2b、ab^2、b^3 という数を見て何か気づきませんか？
実は、これらの数はある法則に沿って並んでいます。
そう、左の数に $\dfrac{b}{a}$ をかけると右隣の数になるのです。

$$a^3 \xrightarrow{\times \frac{b}{a}} a^2b \xrightarrow{\times \frac{b}{a}} ab^2 \xrightarrow{\times \frac{b}{a}} b^3$$
$$ \quad\quad 2a^2b \quad 2ab^2$$

$$a^3 \times \dfrac{b}{a} = a^2b \quad a^2b \times \dfrac{b}{a} = ab^2 \quad ab^2 \times \dfrac{b}{a} = b^3$$

確かにそうなっていますね？

この法則を利用すれば、2桁の数の3乗はいともたやすく求めることができるのです。

では、12^3 という問題を使って説明しましょう。

12の左側の数（10の位）を a、右側の数（1の位）を b とします。
$a = 1$、$b = 2$ なので、$\frac{b}{a}$ は2になります。

解き方

▶ 上段の左端の項から計算を始めます。$a^3 = 1^3 = 1$ なので、左端に **1** と書きます。

▶ 次の項 a^2b は $a^3 \times \frac{b}{a}$ です。今求めた a^3 の答え **1** に $\frac{b}{a} = 2$ をかけると $1 \times 2 = 2$ となります。

▶ 3番目の項も、今求めた答えに **2** をかけることで求められます。したがって $2 \times 2 = 4$ です。

▶ 4番目の項も、今求めた答えに **2** をかけることで求められます。したがって $4 \times 2 = 8$ です。これで上段はすべて埋まりました。

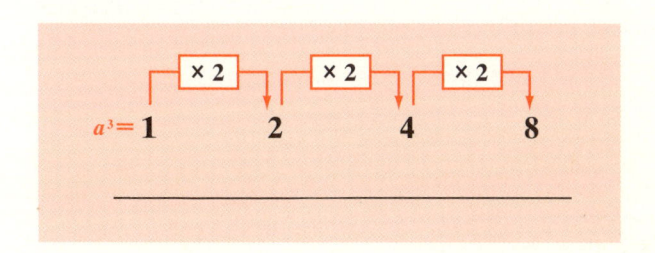

$$a^3 = 1 \xrightarrow{\times 2} 2 \xrightarrow{\times 2} 4 \xrightarrow{\times 2} 8$$

▶ 下段左の $2a^2b$ は、すぐ上の数 a^2b を2倍することで簡単に求められます。右の $2ab^2$ についても同様です。したがって、
 $2a^2b = a^2b \times 2 = 2 \times 2 = 4$
 $2ab^2 = ab^2 \times 2 = 4 \times 2 = 8$ 　となります。

```
        ×2        ×2        ×2
    ┌────┐    ┌────┐    ┌────┐
    │    ▼    │    ▼    │    ▼
  1      2      4      8
         ×2        ×2
       ┌────┐   ┌────┐
       │    ▼   │    ▼
           4       8
  ─────────────────────────
```

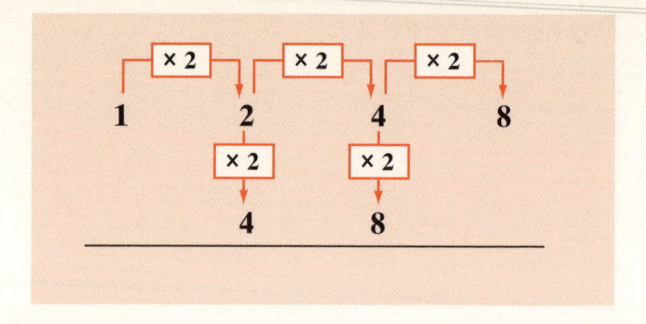

▶ あとはたし算です。上段の数と下段の数を右端から順にたしていきます。答えが **10** を超えるときは、次へくり上げます。

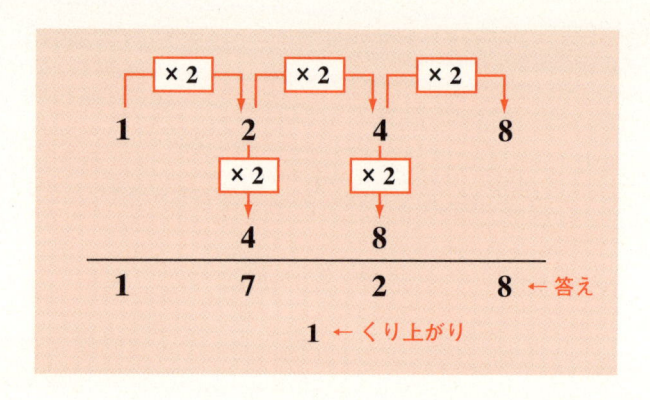

```
        ×2        ×2        ×2
    ┌────┐    ┌────┐    ┌────┐
    │    ▼    │    ▼    │    ▼
  1      2      4      8
         ×2        ×2
       ┌────┐   ┌────┐
       │    ▼   │    ▼
           4       8
  ─────────────────────────
  1      7      2      8  ← 答え
         1 ← くり上がり
```

▶ 答えは **1728** になりましたね。

> わかりマスカ？
> う〜ん……という人は
> もう1度、解き方を
> 読んでくだサイ

では、例題をいくつか解いてみましょう。

例題

1. 22^3
2. 51^3

解答

1. $a = 2$　$b = 2$　$\dfrac{b}{a} = \dfrac{1}{1} = 1$　$a^3 = 2^3 = 8$

$22^3 =$

	8	8	8	8
		16	16	
	10	6	4	8 ←答え
		2	2	0 ←くり上がり

2. $a = 5$　$b = 1$　$\dfrac{b}{a} = \dfrac{1}{5}$　$a^3 = 5^3 = 125$

$51^3 =$

	125	25	5	1
		50	10	
	132	6	5	1 ←答え
		7	1	0 ←くり上がり

spice

Q 問題

公式を使って解きましょう。

① 14^3 ② 17^3 ③ 18^3 ④ 19^3

⑤ 24^3 ⑥ 26^3 ⑦ 28^3 ⑧ 29^3

⑨ 31^3 ⑩ 32^3 ⑪ 33^3 ⑫ 37^3

⑬ 39^3 ⑭ 42^3 ⑮ 45^3 ⑯ 46^3

⑰ 47^3 ⑱ 48^3 ⑲ 49^3 ⑳ 52^3

㉑ 53^3 ㉒ 54^3 ㉓ 55^3 ㉔ 56^3

㉕ 57^3 ㉖ 58^3 ㉗ 59^3 ㉘ 61^3

㉙ 62^3 ㉚ 63^3

A 解答

① 2744 ② 4913 ③ 5832 ④ 6859
⑤ 13824 ⑥ 17576 ⑦ 21952 ⑧ 24389
⑨ 29791 ⑩ 32768 ⑪ 35937 ⑫ 50653
⑬ 59319 ⑭ 74088 ⑮ 91125 ⑯ 97336
⑰ 103823 ⑱ 110592 ⑲ 117649 ⑳ 140608
㉑ 148877 ㉒ 157464 ㉓ 166375 ㉔ 175616
㉕ 185193 ㉖ 195112 ㉗ 205379 ㉘ 226981
㉙ 238328 ㉚ 250047

第5章 平方根

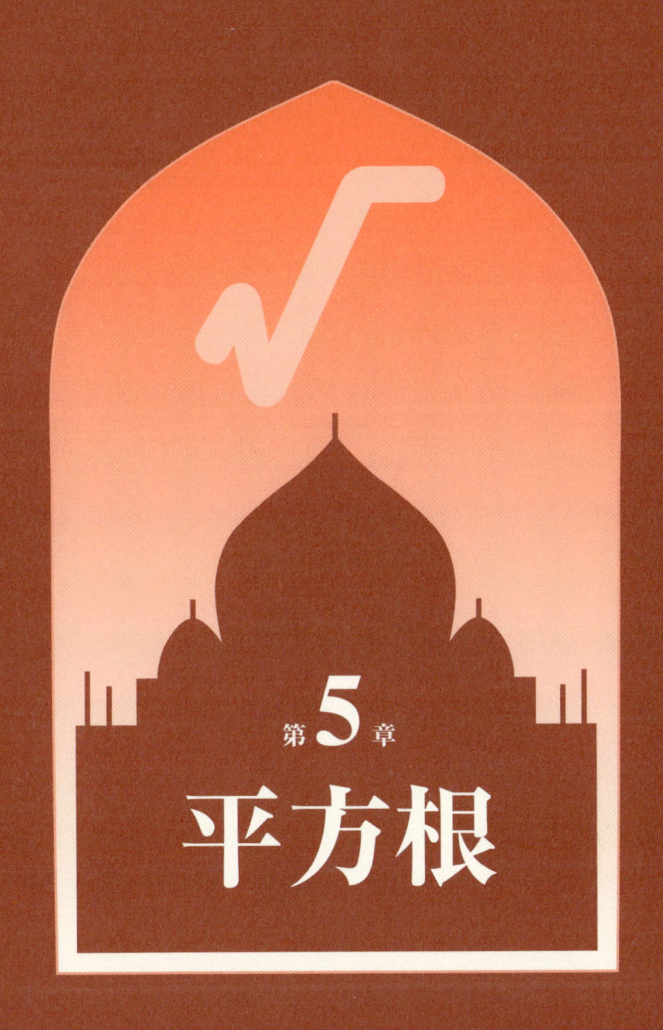

完全平方数の平方根

平方根を計算するには多少の背景知識が必要です。
まず、1桁の数の2乗は暗算でできるようにしておきましょう。
これは九九を使えば簡単にできますね。

		2乗	末尾の数
1^2	=	1	1
2^2	=	4	4
3^2	=	9	9
4^2	=	16	6
5^2	=	25	5
6^2	=	36	6
7^2	=	49	9
8^2	=	64	4
9^2	=	81	1
10^2	=	100	00

見ての通り、2乗した数は末尾に1、4、5、6、9、00が来ています。
つまり、「完全平方数はかならず1、4、5、6、9、00で終わる」、あるいは「完全平方数は2、3、7、8では終わらない」と言うことができます。

また、平方根を求める数の桁数を n とすると、

> 平方根の桁数はかならず $\frac{n}{2}$ または $\frac{n+1}{2}$ になります

たとえば49は2桁なので、$\frac{2}{2} = 1$ で平方根の桁数は1桁になります。

49 の平方根である 7 は確かに 1 桁ですね。

また 125 は 3 桁なので、$\frac{3+1}{2} = 2$ で平方根の桁数は 2 桁になります。
125 の平方根は 15。確かに 2 桁です。
この**桁数の法則**は、あとで必要になるので覚えておきましょう。

もう 1 つ、平方根を計算するために覚えてほしいのが**デュプレックス数**というものです。

デュプレックス数は次の公式で表されます。

桁数	数	デュプレックス数
1 桁	a	a^2
2 桁	a / b	$2ab$
3 桁	$a / b / c$	$2ac + b^2$
4 桁	$a / b / c / d$	$2ad + 2bc$
5 桁	$a / b / c / d / e$	$2ae + 2bd + c^2$
⋮	⋮	⋮

わかりやすくするため、これに数字を当てはめてみましょう。

桁数	数		デュプレックス数
1 桁	2	2^2	$= 4$
2 桁	21	$2 \times (2 \times 1)$	$= 4$
3 桁	212	$2 \times (2 \times 2) + 1^2$	$= 9$
4 桁	2124	$2 \times (2 \times 4) + 2 \times (1 \times 2)$	$= 20$
5 桁	21243	$2 \times (2 \times 3) + (1 \times 4) + 2^2$	$= 24$

わかりましたか？
これで準備完了です。では、平方根の求め方を見ていきましょう。

問題は $\sqrt{2116}$ です。

解き方

▶ まず、桁数の法則を使って平方根の桁数を求めます。2116 は4桁なので、$\frac{4}{2} = 2$ で平方根は2桁になるはずです。

▶ 第2章「わり算」の87ページで紹介したフォーマットを使います。母数（平方根の元になる数）が偶数桁の場合は、最初の2つの数（**21**）をグループにし、残りの数（**16**）は少し離して書きます。

```
          21   1   6   ← 母数（平方根の元になる数）
        ─────────────  ← 余り
                       ← 答え
```

▶ まず **21** の平方根を求めます。**21** は完全平方数ではないので、**21** 以下でいちばん大きな完全平方数（**16**）の平方根を求め、余りを出します。

▶ **21 = 4² 余り 5** となるので、答えの欄に **4** を、余りの欄に **5** を書き入れます。

▶ 最初の答え **4** を2倍した数が、以後のわり算で使う「わる数」となります。**4 × 2 = 8** なので、わる数の欄に **8** を書き入れます。

```
 4×2        21   1   6   ← 母数
わる数→  8        5        ← 余り
                  4       ← 答え
```

▶ 次にわられる数は、余りの **5** と母数の **1** をつなげた **51** になります。**51 ÷ 8 = 6 余り 3** なので、それぞれを該当欄に書き入れます。

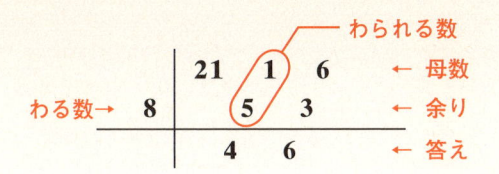

```
                      わられる数
                21  ① 6    ← 母数
    わる数→  8 | ⑤  3    ← 余り
                 ─────────
                  4  6    ← 答え
```

▶ 平方根は2桁なので、これで答えが求められました。正解は **46** です。

▶ **2116** は完全平方数ですが、それを確かめるにはもう1つ手順が必要です。次にわられる数 **36** を、今求めた答え **6** のデュプレックス数でひくのです。

$$36 - (6のデュプレックス数) = 36 - 6^2 = 0$$

結果が **0** なら、**2116** は完全平方数です。

これで4桁の完全平方数の平方根は求められるようになりました。
では5桁ではどうでしょう？
今度は少し違った手順が必要になってきます。

問題は $\sqrt{12996}$ です。

解き方

▶ **12996** は5桁ですから、$\dfrac{5+1}{2} = 3$ で平方根は3桁になります。

▶ 「わり算」のフォーマットになおします。母数が奇数桁の場合は、最初の2つの数をグループにせず、すべての数を少し離して書きます。

```
   | 1  2  9  9  6    ← 母数
   |                  ← 余り
   ─────────────
                      ← 答え
```

▶ まず 1 の平方根を求めます。1 の平方根は 1 で、余りはありません。したがって答えの欄に 1 を、余りの欄に 0 を書き入れます。
▶ 最初の答え 1 を 2 倍した数が「わる数」となります。1 × 2 = 2 なので、わる数の欄に 2 を書き入れます。
▶ 次にわられる数は 02 つまり 2 です。2 ÷ 2 = 1 余り 0 なので、それぞれを該当欄に書き入れます。

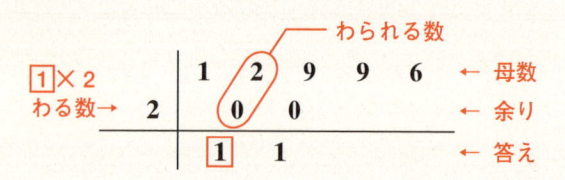

```
                            ┌─ わられる数
    1×2         1   2   9   9   6    ← 母数
  わる数→   2       0   0            ← 余り
            ─────────────────────
                    1   1            ← 答え
```

▶ 次にわられる数 9 を、今求めた答え 1 のデュプレックス数でひきます。

$$9 - (1\text{のデュプレックス数}) = 9 - 1^2 = 8$$

この 8 が次にわられる数となります。

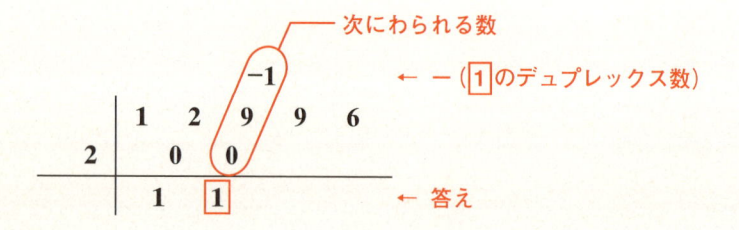

```
                      ┌─ 次にわられる数
                     -1         ← －(1のデュプレックス数)
            1   2   9   9   6
        2       0   0
        ─────────────────────
                1   1            ← 答え
```

▶ 8 ÷ 2 = 4 余り 0 なので、これで 3 桁の答え 114 が求められました。

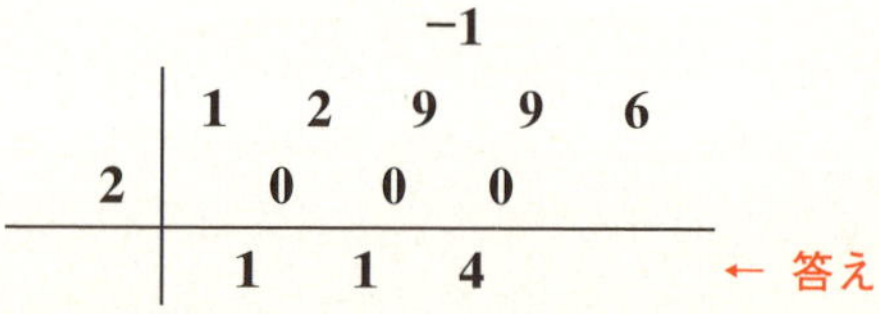

```
                     -1
            1   2   9   9   6
        2       0   0   0
        ─────────────────────
                1   1   4        ← 答え
```

では、**12996** が完全平方数かどうか確かめてみましょう。

▶ **手順1**＝次にわられる数は **09** です。

09 −（14 のデュプレックス数）= 09 − 2 ×（1 × 4）= 1

▶ **手順2**＝次にわられる数は **16** です。

16 −（4 のデュプレックス数）= 16 − 4² = 0

よって余りは **0** となり、**12996** は完全平方数だったことがわかります。

この解き方を使えば、6桁の数の平方根も求めることができます。
では、例題に挑戦してみましょう。

例題

1 √125316

解答

1

わられる数
−25 ← −（5 のデュプレックス数）

| | 12 | 5 | 3 | 1 | 6 |
3×2 → 6 | | 3 | 5 | 4 |
| | 3 | 5 | 4 | ← 答え

平方根の求め方は
わかりマシタカ？

不完全平方数の平方根

これまでの例はすべて完全平方数でしたが、今度は不完全平方数の平方根を求めてみましょう。

解き方の基本はこれまでと同じですが、答えが小数点以下にまでおよぶため、手順をさらにくり返す必要があります。

では、732108 の平方根を小数点以下3桁まで求めましょう。

解き方

▶ 732108 は6桁ですから、$\frac{6}{2} = 3$ で平方根は3桁になります。

▶ 「わり算」のフォーマットになおします。母数が偶数桁なので、最初の2つの数をグループにします。

▶ 小数点以下3桁までの答えが必要な場合は、母数の後ろに 0 を2つ書きたします。

```
          ┌ 0を2つ
          │ 書きたす
       73 2 1 0 8 0 0
      ─────────────────
```

▶ 73 の平方根は **8 余り 9**。「わる数」は 8 × 2 で **16** になります。
▶ 次にわられる数 92 を 16 でわると **5 余り 12** です。
▶ 次にわられる数 121 を、今求めた答え 5 のデュプレックス数でひきます。

$$121 - (5 のデュプレックス数) = 121 - 5^2 = 96$$

この 96 が次にわられる数となります。

```
                            ┌── 次にわられる数
                         −25
                          ← ─ (5 のデュプレックス数)
           7 3   2   1   0   8   0   0
      16       9  12
               8   5
```

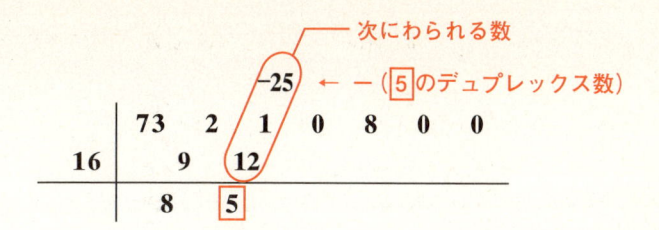

▶ **96 ÷ 16 = 6 余り 0** ですが、次にわられる数が負の数になってしまうので、**96 ÷ 16 = 5 余り 16** とします（91 ページ参照）。これで 3 桁の答え **855** が求められました。

▶ 答え **855** の後ろに小数点を打ち、さらに計算を進めます。

```
                         −25
           7 3   2   1   0   8   0   0
      16       9  12  16
               8   5   5 .
                       ↑── 小数点を打つ
```

▶ 次にわられる数 **160** を、今求めた答え **55**（ここでは 2 桁分になります）のデュプレックス数でひきます。

$$160 − (55 \text{ のデュプレックス数})$$
$$= 160 − 2 × (5 × 5)$$
$$= 160 − 50$$
$$= 111$$

この **111** が次にわられる数となります。

```
                              ┌── 次にわられる数
                         −25 −50
                          ← ─ (55 のデュプレックス数)
           7 3   2   1   0   8   0   0
      16       9  12  16
               8   5   5 .
```

▶ 111 ÷ 16 = 6 余り 14。

▶ 次にわられる数 148 を、今求めた答え 556（ここでは 3 桁分になります）のデュプレックス数でひきます。

$$148 - (556 \text{のデュプレックス数})$$
$$= 148 - 2 \times (5 \times 6) + 5^2$$
$$= 148 - 85$$
$$= 63$$

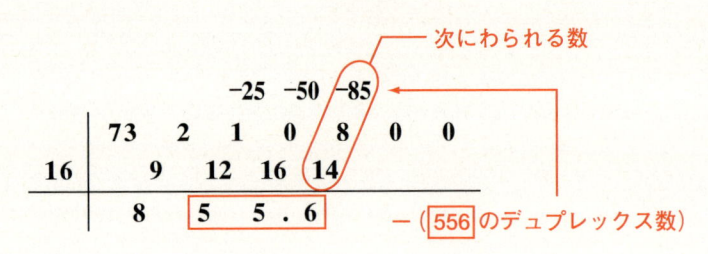

```
                          ┌ 次にわられる数
              −25 −50 −85 ←
       73  2  1  0   8   0   0
  16      9  12  16  14
        8   5   5 . 6      −( 556 のデュプレックス数)
```

▶ 63 ÷ 16 = 3 余り 15。

▶ 次にわられる数 150 を、今求めた答え 5563（ここでは 4 桁分になります）のデュプレックス数でひきます。

$$150 - (5563 \text{のデュプレックス数})$$
$$= 150 - \{2 \times (5 \times 3) + 2 \times (5 \times 6)\}$$
$$= 150 - 90$$
$$= 60$$

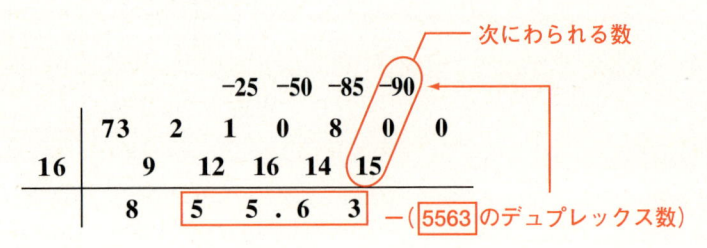

```
                              ┌ 次にわられる数
              −25 −50 −85 −90 ←
       73  2  1  0   8   0   0
  16      9  12  16  14  15
        8   5   5 . 6   3    −( 5563 のデュプレックス数)
```

▶ 60 ÷ 16 = 3 余り 12。これで小数点以下 3 桁までの答え 855.633 が求められました。ただし、もう 1 つ手順が必要です。

▶ 次にわられる数 **120** を、今求めた答え **55633**（ここでは5桁分になります）のデュプレックス数でひきます。

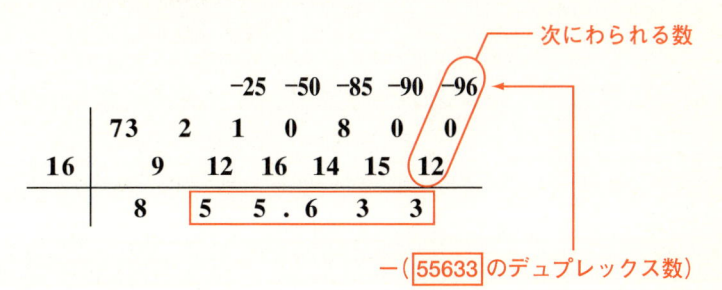

$$120 - (55633 \text{のデュプレックス数})$$
$$= 120 - \{2 \times (5 \times 3) + 2 \times (5 \times 3) + 6^2\}$$
$$= 120 - 96$$
$$= 24$$

```
                       -25  -50  -85  -90  -96  ← 次にわられる数
         │  73   2    1    0    8    0    0
     16  │       9   12   16   14   15   12
         │─────────────────────────────────
         │   8   5    5  .  6    3    3
                    －( 55633 のデュプレックス数)
```

次にわられる数 **24** は正の数なので、**855.633** がそのまま答えとなります。もし、次にわられる数が負になったら、末尾の **3** を1つ減らして、**855.632** が正解となります。

Q 問題

次の数の平方根を小数点3桁まで求めましょう。
（完全平方数もいくつか含まれています）

① 186241　② 225646　③ 38123
④ 25362　⑤ 1681　⑥ 2025
⑦ 18634　⑧ 199432　⑨ 106324
⑩ 10876　⑪ 13637　⑫ 98436
⑬ 63473　⑭ 742822　⑮ 898426
⑯ 60123　⑰ 163462　⑱ 131261
⑲ 50217　⑳ 48324

A 解答

① 431.566　② 475.022　③ 195.251
④ 159.254　⑤ 41　⑥ 45
⑦ 136.506　⑧ 446.578　⑨ 326.073
⑩ 104.288　⑪ 116.777　⑫ 313.745
⑬ 251.938　⑭ 861.871　⑮ 947.853
⑯ 245.199　⑰ 404.304　⑱ 362.299
⑲ 224.091　⑳ 219.827

第 6 章 立方根

完全立方数の求め方

立方根を計算するには多少の背景知識が必要です。

まず、1から10までの数の3乗を表にしてみましょう。

		3乗	1の位
1^3	=	1	1
2^3	=	8	8
3^3	=	27	7
4^3	=	64	4
5^3	=	125	5
6^3	=	216	6
7^3	=	343	3
8^3	=	512	2
9^3	=	729	9
10^3	=	1000	0

ご覧の通り、1から10の3乗は1の位がすべて異なる数になっています。つまり、3乗した数の1の位がわかれば、元の数の1の位もわかるということです。

たとえば、

　　　3乗した数の1の位が **8** なら元の数の1の位は **2**
　　　3乗した数の1の位が **3** なら元の数の1の位は **7**

であることがわかるわけです。

では、これを前提として立方根の求め方を見ていきましょう。

2197の立方根の求め方を説明します。

解き方

▶ まず、右端から数えて3桁目にコンマを打ちます。

$$2,197$$

▶ 次に1の位を見ます。1の位は**7**なので、前ページの表から、答えの1の位は**3**であることがわかります。この**3**を**7**の下に書きます。

$$2,197$$
$$3 \quad \leftarrow 答えの1の位$$

▶ 今度はコンマより左にある数（**2**）を見て、この数が**どの数の3乗より大きいか**を調べます。**2**は$1^3 = 1$より大きく、$2^3 = 8$より小さいので、求める数は**1**です。これが答えの10の位になります。**2**の下に**1**と書きます。

$$2,197$$
答えの10の位→ **1   3** ←答えの1の位

10の位と1の位をつなげると**13**。これが正解です。

もう1つ例を見ましょう。
今度は**32768**の立方根を求めます。

▶ 右端から数えて3桁目にコンマを打ちます。

$$32,768$$

すごく便利なやり方デショ？カンタン、カンタン

▶ 1の位は 8 なので、答えの 1 の位は 2 になります。

$$32{,}768$$
$$2$$

▶ コンマより左の数は 32 です。これは $3^3 = 27$ より大きく、$4^3 = 64$ より小さいので、答えの 10 の位は 3 になります。

$$32{,}768$$
$$3 \quad 2$$

▶ 正解は 32 です。

このテクニックは完全立方数を求めるときにしか使えません。

第7章
連立方程式

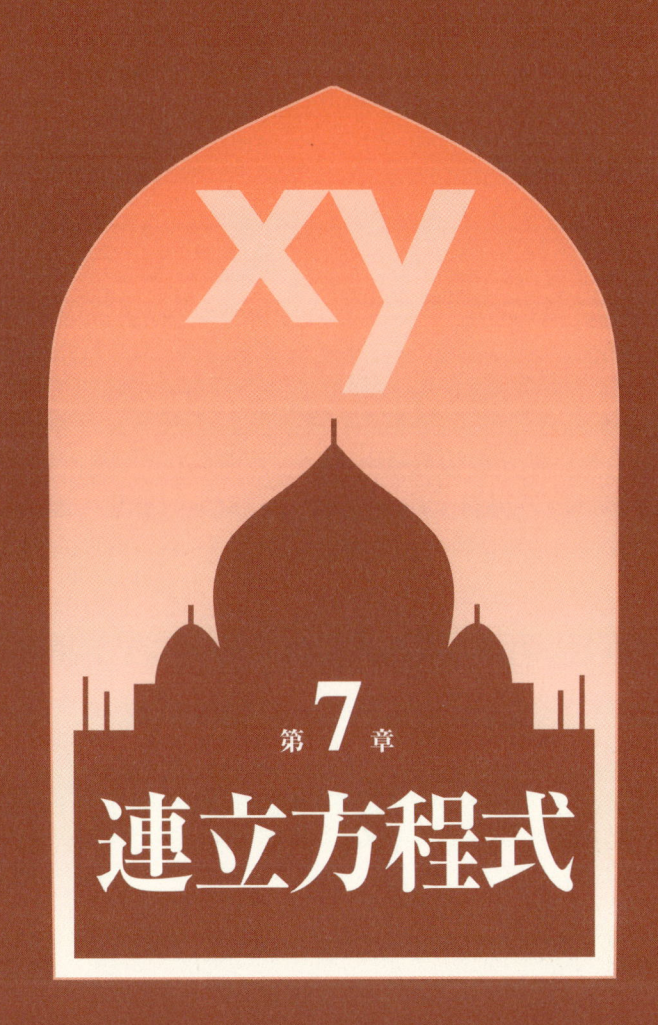

たすきがけの公式

最後に、連立方程式についてもふれておきましょう。
ここでは、普通の解き方とはひと味違った「魔法の公式」を紹介します。

では問題です。

$$\begin{cases} 5x - 3y = 11 \\ 6x - 5y = 9 \end{cases}$$

連立方程式を解く場合は、まず x と y のどちらかの値を求めます。
x の値を求めるためには、次の公式を使います。

$$x = \frac{(上段のyの係数 \times 下段の定数) - (下段のyの係数 \times 上段の定数)}{(上段のyの係数 \times 下段のxの係数) - (下段のyの係数 \times 上段のxの係数)}$$

この公式の分子の部分、つまり **(上段のyの係数×下段の定数) − (下段のyの係数×上段の定数)** を、上の連立方程式を使って図示すると、このようになります。

$$\begin{cases} 5x - 3y \ =\ 11 \\ 6x - 5y \ =\ 9 \end{cases}$$

おなじみの「たすきがけ」ですね。
計算すると、公式の分子の値はこのようになります。係数の −（マイナス）はつけたままで計算しましょう。

$$分子 = (-3 \times 9) - (-5 \times 11) = -27 + 55 = 28$$

一方、分母の部分、つまり（上段のyの係数×下段のxの係数）−（下段のyの係数×上段のxの係数）を図示すると、このようになります。

$$\begin{cases} 5x - 3y = 11 \\ 6x - 5y = 9 \end{cases}$$

こちらも「たすきがけ」です。
計算すると、公式の分母の値はこのようになります。

分母 ＝ （− 3 × 6）−（− 5 × 5）＝ − 18 + 25 ＝ 7

分子と分母の値がわかったので、公式にあてはめましょう。

$x = \dfrac{28}{7} = 4$

xの値がわかれば、yの値を求めるのはむずかしくありません。
上段の数式に $x = 4$ をあてはめてみましょう。

$(5 × 4) − 3y = 11$
$20 − 3y = 11$
$− 3y = 11 − 20$
$y = \dfrac{-9}{-3}$
$y = 3$

> 連立方程式も
> たすきがけの公式で
> あっという間に
> 解けマス

特殊なタイプ

連立方程式の問題をよく見ると、簡単に解くための手がかりがかくれている場合もあります。
ここでは、その手がかりを発見して簡単に解く方法を紹介しましょう。

まずタイプ1です

$$\begin{cases} 6x + 7y = 8 \\ 19x + 14y = 16 \end{cases}$$

これを普通の方法で解くと、かなり時間がかかるでしょう。
でも問題をよく見ると、上下の数式で y の係数と定数の比率が同じになっていることに気づきます。

つまり、$\dfrac{7}{14} = \dfrac{8}{16}$ ということです。

これによって、一足飛びに x の値がわかります。

$$\begin{cases} 6x + 7y = 8 \\ 19x + 14y = 16 \end{cases} \;\; \text{←同じ比率→}$$

y の係数と定数が上下で同じ比率の場合
$x = 0$

この公式は x と y が逆の場合でも成立します。

x の値がわかれば、y の値はすぐにわかりますね。
答えは $x = 0$、$y = \dfrac{8}{7}$ となります。

本当にこの答えで合っているか確かめてみてください。

次はタイプ2です

$$\begin{cases} 45x - 23y = 113 \\ 23x - 45y = 91 \end{cases}$$

この連立方程式をよく見ると、上下の数式で x の係数と y の係数が入れ替わっていることに気づきます。
このような場合は、**2つの数式をたしたものとひいたものを用意する**と、計算しやすい式に変形できます。解き方を見てみましょう。

解き方

▶ まず上の式に下の式をたします。

$$\begin{array}{r} 45x - 23y = 113 \\ +)23x - 45y = 91 \\ \hline 68x - 68y = 204 \\ 68(x - y) = 204 \\ x - y = 3 \end{array}$$ ……… (1)

これで計算しやすい式に変形できました。

▶ 次に上の式から下の式をひきます。

$$\begin{array}{r} 45x - 23y = 113 \\ -)23x - 45y = 91 \\ \hline 22x + 22y = 22 \\ 22(x + y) = 22 \\ x + y = 1 \end{array}$$ ……… (2)

▶ あとは(1)と(2)の連立方程式を解けばよいだけです。
答えは $x = 2$、$y = -1$ ですね。

Q 問題

公式を使って x と y の値を求めましょう。

❶ $\begin{cases} 11x + 6y = 28 \\ 7x - 4y = 10 \end{cases}$
❷ $\begin{cases} 3x + 2y = 4 \\ 8x + 5y = 9 \end{cases}$

❸ $\begin{cases} 2x + 3y = 12 \\ 3x - 2y = 5 \end{cases}$
❹ $\begin{cases} 7x + 9y = 85 \\ 4x + 5y = 48 \end{cases}$

❺ $\begin{cases} 11x + 6y = 12 \\ 23x - 18y = 36 \end{cases}$
❻ $\begin{cases} 37x + 29y = 92 \\ 29x + 37y = 103 \end{cases}$

❼ $\begin{cases} 15x + 14y = 60 \\ 5x - 25y = 20 \end{cases}$
❽ $\begin{cases} 12x + 17y = 53 \\ 17x + 12y = 63 \end{cases}$

A 解答

❶ $x = 2$、$y = 1$
❷ $x = -2$、$y = 5$
❸ $x = 3$、$y = 2$
❹ $x = 7$、$y = 4$
❺ $x = 0$、$y = 2$
❻ $x = 1$、$y = 2$
❼ $x = 4$、$y = 0$
❽ $x = 3$、$y = 1$

プラディープ・クマール

ヴェーダ数学指導者・専門家。Times of IndiaやIndiatimes.comの専門委員。バーガルプル工科大学(インド・ビハール州)で機械工学を修め、インド経営大学院(IIM)バンガロール校でMBAを取得。20年近くヴェーダ数学を研究し、生徒指導のためのプログラム開発に従事。Achieverという組織を設立し、1000を超すワークショップを開催する。

石垣憲一（いしがき けんいち）

1971年生まれ。翻訳家。訳書に『ボルドー──消費者に贈る世界最良ワインのガイド』（美術出版社）など。『五本でできるカクテル講座』（新風舎）という著作もある。近年はPerlプログラマとしても活動しており、YAPC::Asiaなどのカンファレンスで発表を重ねている。

魔法(まほう)のヴェーダ数学(すうがく)が伝(つた)える
インド式秒算術(しきびょうさんじゅつ)

2007年5月1日 初版発行

著　者　プラディープ・クマール
訳　者　石垣憲一
発行者　上林健一
発行所　株式会社 日本実業出版社　東京都文京区本郷3-2-12　〒113-0033
　　　　　　　　　　　　　　　　　大阪市北区西天満6-8-1　〒530-0047
　　　　編集部　☎03-3814-5651
　　　　営業部　☎03-3814-5161
　　　　振　替　00170-1-25349
　　　　　　　　http://www.njg.co.jp/

印刷／壮光舎　　製本／共栄社

この本の内容についてのお問合せは、書面かFAX（03-3818-2723）にてお願い致します。
落丁・乱丁本は、送料小社負担にて、お取り替え致します。

ISBN 978-4-534-04223-1　Printed in JAPAN

下記の価格は消費税(5%)を含む金額です。

べんり計算術
宮 俊一郎　　　定価 1365 円（税込）

算数が苦手な人、数字がキライな人でも、この本のとおりにやればどんな計算もすぐにでき、仕事も勉強もグングンはかどるようになる！　計数感覚に優れた人間になるための実践的なノウハウ集。

エスカルゴ・サイエンス
数学超入門
郡山 彬　　　定価 1565 円（税込）

「これまで数学からは逃げてきたが、就いた仕事で数学が必要に…」なんていう人に待望の一冊。基本からやさしく解説してあるから、微分積分や行列の知識までがバッチリ身につく内容。

数検の完全対策〈1～3級〉
日本数学検定協会　　　定価 1223 円（税込）

幼児から高齢者まで幅広い層が受験できる注目資格の数検。本書は受験者の約半数を占める3級から1級までを取り上げ、試験概要と傾向・対策を出題者が自らまとめる。実力養成に好適の一冊。

数学脳
岡部 恒治・
桃崎 剛寿 編著　　定価 1365 円（税込）

発想力、論理的思考力、ひらめき力などを伸ばすために用意された斬新な問題を解きながら、「数学脳」を身につける本。複雑な問題も、独自のシンプル図解を使えば解答まで一気にたどりつける。

道具としての微分方程式
野崎 亮太　　　定価 2310 円（税込）

複雑な問題を解こうとすると、すべて微分方程式に至る。微分方程式は森羅万象を理解する「最も重要なツール」。ニュートン運動方程式をもとに、いかに式を立て、解けばよいのかを徹底解説する。

速読らくらくエクササイズ
岡田 真澄　　　定価 1470 円（税込）

スポーツ感覚でサクッと身につく「楽読術」。独自の「BTRメソッド」は読書のための基礎的トレーニング法で、集中力・理解力・記憶力を高めながら速読をマスターできる。

できる人は知っている
頭のいい勉強法
箱田 忠昭　　　定価 1365 円（税込）

"できる人"になるためには、勉強が不可欠。本書では、「ジュリアス・シーザー方式（覚えなければならないことは分割して覚える）」といった、"幸せな人生を送るため"の勉強法を紹介。

定価変更の場合はご了承ください。